工业机器人仿真与编程

主　编　田红彬　金宁宁　吉炜寰
副主编　徐瑞丽　杜书玲
参　编　王自有

U0235059

北京理工大学出版社
BEIJING INSTITUTE OF TECHNOLOGY PRESS

内 容 简 介

本书从实用的角度出发，面向工业机器人虚拟仿真与离线编程人员，对照《工业机器人应用编程职业技能等级标准》，结合工业机器人实际应用中常见的工程项目，使学生在实际应用中学会工业机器人的虚拟仿真基本知识和离线编程技能。

全书以实际工程典型应用案例为主线安排项目与任务，共设计 5 个模块，包括工业机器人基础知识、工业机器人的机械结构和电气控制、工业机器人编程基础、工业机器人基础仿真、工业机器人典型工作站编程应用与仿真。

本书适合作为高等院校、高职院校工业机器人技术专业及装备制造类、自动化类相关专业的教材，也可作为从事工业机器人虚拟仿真和离线编程相关工程技术人员的参考资料和培训用书。

图书在版编目（C I P）数据

工业机器人仿真与编程 / 田红彬，金宁宁，吉炜寰
主编. -- 北京：北京理工大学出版社，2022.10
ISBN 978 - 7 - 5763 - 1770 - 1

Ⅰ. ①工… Ⅱ. ①田… ②金… ③吉… Ⅲ. ①工业机
器人 - 仿真设计②工业机器人 - 程序设计 Ⅳ.
①TP242.2

中国版本图书馆 CIP 数据核字（2022）第 195924 号

出版发行 / 北京理工大学出版社有限责任公司
社　　址 / 北京市海淀区中关村南大街 5 号
邮　　编 / 100081
电　　话 / （010）68914775（总编室）
　　　　　（010）82562903（教材售后服务热线）
　　　　　（010）68944723（其他图书服务热线）
网　　址 / http：//www.bitpress.com.cn
经　　销 / 全国各地新华书店
印　　刷 / 河北盛世彩捷印刷有限公司
开　　本 / 787 毫米 × 1092 毫米　1/16
印　　张 / 18.5　　　　　　　　　　　　　　　　责任编辑 / 高雪梅
字　　数 / 413 千字　　　　　　　　　　　　　　　文案编辑 / 高雪梅
版　　次 / 2022 年 10 月第 1 版　2022 年 10 月第 1 次印刷　　责任校对 / 周瑞红
定　　价 / 79.00 元　　　　　　　　　　　　　　　责任印制 / 李志强

前言

新一轮科技革命和产业革命推动智能制造产业飞速发展，带动工业机器人与智能装备产业应用人才需求急剧增长。目前，我国机器人及智能制造行业的相关企业人才储备缺口巨大，已经成为产业转型升级的重要制约要素之一。为了适应产业发展对人才培养的需要，中职、高职、本科院校纷纷开设工业机器人应用相关专业，仅中职、高职工业机器人技术相关专业办学点数量就迅速增加到上千个。但是，目前工业机器人应用人才培养还存在实训条件投入不足、师资队伍水平参差不齐、人才培养质量不高等问题。

2019 年，国务院发布了《国务院关于印发国家职业教育改革实施方案的通知》，明确提出在职业院校、应用型本科高校启动学历证书 + 职业技能等级证书制度（1 + X）试点。《工业机器人应用编程》职业技能等级证书入围教育部第二批 1 + X 证书制度试点。

《工业机器人应用编程》1 + X 职业技能等级标准（中级）要求能按照实际工作站搭建对应的仿真环境，对典型工业机器人单元进行离线编程；《工业机器人应用编程》1 + X 职业技能等级标准（高级）要求能对带有扩展轴的工业机器人系统进行配置和编程；能对工业机器人生产线进行虚拟调试。所有这些，都对工业机器人仿真与编程提出了更高的要求。

为了配合《工业机器人应用编程》1 + X 职业技能等级试点工作实施，使广大职业院校学生、企业在岗职工、社会学习者更好地熟悉职业技能等级标准，获取《工业机器人应用编程》1 + X 职业技能等级相关证书，特组织学校专业教师和经验丰富的企业专家合作编写了本书。

本书以 ABB 工业机器人为对象，内容涵盖了工业机器人基础知识、机械结构和电气控制、编程基础、工作站编程应用与仿真；深度阐述使用 ABB 机器人仿真软件 RobotStudio 进行工业机器人的基本操作、系统配置、工作站离线编程与仿真。

本书的内容主要分为上、下两篇，上篇为工业机器人基础，共分工业机器人基础知识、工业机器人的机械结构和电气控制、工业机器人编程基础三个模块；下篇为工业机器人仿真与编程实操，共分工业机器人基础仿真、工业机器人典型工作站编程应用与仿真两个模块。

本教材编写的指导思想是：全面落实立德树人根本任务，弘扬劳动光荣、技能宝贵，通过理论与技能的学习、有机融入创新意识、劳动精神和工匠精神。本书具有如下主要特色：

1. 对照《工业机器人应用编程》1 + X 职业技能等级标准。面向工业机器人系统集成核心岗位，将岗位中遇到的实际问题与标准进行结合，严格对照职业标准组织编写教材内容。

2. 强化工业机器人基础知识的掌握与理解。将工业机器人技术基本概念、系统组成、软件系统、坐标系、安全操作规范等基础知识植入项目和任务中，有利于读者对工业机器人基础知识的掌握和理解。

3. 实操部分按照循序渐进的原则，由渐入深，由易到难，通过多个编程与仿真实操任务，使读者一步步地掌握工业机器人编程与仿真的常用知识和技巧。

4. 突出工业机器人技术应用实践能力。通过 5 个模块共 18 个任务和 11 个知识单元的设计，面向工业机器人应用编程人员，突出实际解决问题的能力，提高对关键职业能力和岗位工作能力的认识，使读者更好地掌握工业机器人技术的岗位需求，提升其解决问题的能力。

5. 考虑到课程涉及的知识点多、内容广等特点，以及高职高专学生的知识现状和学习特点，结合生产实际，以实际案例带动知识点开展学习，以点带面，注重培养学生解决实际问题的能力。工作站的构建、编程和仿真合在了一起，所有的案例均出自企业实际。

6. 本书配套了整套的教学资源，包括 PPT、动画、教学视频、仿真工作站，形成了立体化教学资源库，以新颖编排方式，突出资源的导航，激发学生自主学习的兴趣，打造高效课堂。

河南职业技术学院参照"1 + X"工业机器人应用编程职业技能等级标准开发了本教材。教材共包括 5 个模块，其中模块一、模块二由杜书玲编写，模块三、模块四的任务一、任务二由徐瑞丽编写，模块四的任务三至任务六由金宁宁编写，模块五的任务一、任务二由吉炜寰编写，模块五的任务三至任务五由田红彬编写，全书由北京首科力通机电设备有限责任公司王自有主审。

由于编者水平有限，加之时间仓促，书中疏漏和不足之处在所难免，恳请各广大专家和读者提出宝贵意见和建议。

编　者

目 录

上篇　工业机器人基础

下篇　工业机器人仿真与编程实操

上篇　工业机器人基础

模块一

工业机器人基础知识

思维导图

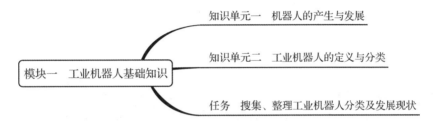

知识单元一　机器人的产生与发展

知识单元二　工业机器人的定义与分类

模块一　工业机器人基础知识

任务　搜集、整理工业机器人分类及发展现状

知识单元一　机器人的产生与发展

单元描述

"机器人"（robot）一词既是小说家的幻想产物，又是历史发展的必然产物。对于学习工业机器人的同学而言，知晓机器人的产生对于了解当前工业机器人的发展趋势是非常有必要的，回顾历史、展望未来也是学习工业机器人的必经之路。

单元目标

（1）了解"机器人"一词的由来。

（2）了解国外工业机器人的发展历程。

（3）了解国内工业机器人的发展历史及发展趋势，增强民族自信。

单元内容

一、机器人的由来

现代机器人的研究起源于20世纪中叶的美国，它从工业机器人的研究开始。第二次世界大战期间（1939—1945 年），由于军事、核工业的发展需要，在原子能实验室的恶劣环境下，需要用机械来代替人类进行放射性物质的处理。为此，美国的阿贡国家实验室（Argonne National Laboratory）开发了一种遥控机械手。1947 年，该实验室又开发出一种伺服控制的主－从机械手，这些都是工业机器人的雏形。

工业机器人的概念最早由美国发明家乔治·德沃尔（George Devol）提出，并在 1954 年申请了专利、1961 年获得授权。1958 年，美国著名机器人专家约瑟夫·恩格尔伯格（Joseph F. Engelberger）成立了 Unimation 公司，并利用乔治·德沃尔的专利，在 1959 年研制出世界上第一台真正意义的工业机器人——Unimate，从而开创了机器人发展的新纪元。

机器人自问世以来，它能够协助、代替人类完成那些重复、频繁、单调、长时间的工作，或进行危险、恶劣环境下的作业，因此发展较迅速。随着人们对机器人研究的不断深入，机器人学这一新兴的综合性学科已经逐步形成，有人将机器人技术与数控技术、PLC 技术并称为工业自动化的三大支撑技术。

二、机器人的发展历史

1. 萌芽和初级阶段（20 世纪 40—70 年代）

工业机器人领域的第一件专利由乔治·德沃尔在 1954 年申请，名为"可编程的操作装置"。约瑟夫·恩格尔伯格对此专利很感兴趣，联合乔治·德沃尔在 1959 年共同制造了世界上第一台工业机器人，如图 1 – 1 – 1 所示。可编程的操作装置的含义是"人手把着机械手，把应当完成的单元做一遍，机器人再按照事先教给它们的程序进行重复工作"，并主要用于工业生产的铸造、锻造、冲压、焊接等生产领域，故称为工业机器人。

图 1 – 1 – 1　世界上第一台工业机器人

2. 迅速发展阶段（20 世纪 80—90 年代）

这一时期的技术相较于此前有很大进步，工业机器人开始具有一定的感知功能和自适应能力，可以根据作业对象的状况改变作业内容。伴随着技术的快速进步，这一时期的工业机器人还突出表现了商业化运用迅猛发展的特点。

3. 智能化阶段（21 世纪初至今）

智能机器人带有多种传感器，可以将传感器得到的信息进行融合，有效地适应变化的环境，因而具有很强的自适应能力、学习能力和自治功能。在 2000 年以后，各国都开始了智能军用机器人的研究。美国波士顿公司研制的"波士顿机械狗"（Boston Dynamics Big

Dog）智能军用机器人如图 1 - 1 - 2 所示。

图 1 - 1 - 2　波士顿机械狗智能军用机械人

三、工业机器人四大家族

在世界工业机器人业界，在国际上较有影响力的机器人公司可分为"四大"及"四小"两个阵营："四大"为瑞典 ABB、德国 KUKA、日本 FANUC 及 YASKAWA；"四小"为日本 OTC、PANASONIC、NACHI 及 KAWASAKI。

工业机器人四大家族如表 1 - 1 - 1 所示。

在日益增长的市场需求的推动下，我国工业机器人技术创新的主力逐渐从高校和科研院所转移到企业。沈阳新松机器人自动化股份有限公司、广州数控设备有限公司、南京埃斯顿自动化股份有限公司、安徽埃夫特智能装备股份有限公司、上海新时达电器股份有限公司、广东拓斯达科技股份有限公司、哈尔滨博实自动化股份有限公司、上海沃迪智能装备股份有限公司是我国工业机器人代表性的企业，其中国产工业机器人"四小龙"如图 1 - 1 - 3 所示。

图 1 - 1 - 3　国产工业机器人"四小龙"

四、工业机器人的发展方向

工业机器人正在向智能化、模块化和系统化方向发展。工业机器人智能化，即让机器人有感觉、有知觉，能够迅速、准确地检测及判断各种复杂的信息。随着执行与控制、自主学习与智能发育等技术进步，机器人将从预编程、示教再现控制、直接控制、遥控操作等被操纵作业模式，逐渐向自主学习、自主作业方向发展。

未来通过标准化模块组装制造工业机器人将成为趋势。当前，各个国家都在研究、开发和发展组合式机器人，这种机器人将由标准化的伺服电动机、传感器、手臂、手腕与机身等工业机器人组件拼装制成。

研究新型工业机器人结构是工业机器人的未来发展趋势之一。新型工业机器人结构可以提升工业机器人的作业精度，改善工业机器人的作业环境。研制新型工业机器人结构将满足高强度工作、环境复杂作业的需求。

我国工业机器人在同类产品中价格优势明显，性价比较高，且供货周期短，服务响应水平高，在金属形成等领域应用经验丰富。整体来看，我国工业机器人核心零部件国产化的趋势已经开始初步显现，但技术和经验积累还需要一定时间，大多数企业仍处于小批量生产和推广应用阶段。因此，培育具有国际竞争力的龙头企业，以带动中小企业向"专、精、特、新"方向发展，形成集群效应，增强产业竞争合力，将是未来我国工业机器人产业发展努力的方向。

单元习题

一、选择题

1. 国际上工业机器人四大家族指的是（　　）。

①瑞士 ABB　②日本 FANUC　③日本 YASKAWA　④德国 KUKA　⑤日本 OTC

A. ①②③④　　　　　　　　　　　　B. ①②③⑤

C. ②③④⑤　　　　　　　　　　　　D. ①③④⑤

2. 国产工业机器人"四小龙"指的是（　　）。

①新时达　②广州数控　③埃夫特　④埃斯顿　⑤美的

A. ①②③④　　　　　　　　　　　　B. ①②③⑤

C. ②③④⑤　　　　　　　　　　　　D. ①③④⑤

3. 工业机器人正在向（　　）方向发展。

①智能化　②模块化　③系统化　④程序化

A. ①②④　　　　B. ①②③　　　　C. ②③④　　　　D. ①③④

二、填空题

1. 机器人形象和机器人一词，最早出现在_____中。

2. 原工业机器人四大家族之一的_____被我国家电巨头美的收购，现在已经属于我国工业机器人品牌。

单元小结

了解"机器人"一词的由来对于学习工业机器人知识与技能有一定的促进作用，可以帮助学生养成追本溯源的习惯；同时，了解国内外工业机器人的技术及发展趋势，可以更好地激发学生的爱国情怀。

单元拓展

尝试收集国内工业机器人品牌，并对比各品牌之间的技术优势和发展趋势。

知识单元二 工业机器人的定义与分类

单元描述

工业机器人的定义一直以来众说纷纭，每个国家的定义不尽相同，但是都有自己的科学依据，归结起来工业机器人的定义是自动的、可控的、可编程的自动化机械手。工业机器人的分类也有着多种形式，尤其有必要了解基于应用场景的分类。

单元目标

（1）通过网络搜集，了解工业机器人定义，提升团队合作意识。
（2）掌握工业机器人分类，提升分类汇总的能力。

单元内容

通常，机器人[①]由计算机或类似装置来控制，机器人的动作受控制器控制，该控制器的运行则由用户根据作业性质所编写的某种类型的程序来控制。因此，如果程序发生改变，机器人的动作就会相应改变。人们希望一台设备能灵活地完成各种不同的作业而无须重新设计硬件装置。为此，机器人必须设计为可以重复编程，通过改变程序来执行不同的任务。

一、机器人的定义

目前，各国关于机器人的定义各不相同，通过比较这些定义，可以对机器人的主要功能特征有更深入的理解。

1. 美国机器人协会的定义

机器人是"一种用于移动各种材料、零件、工具或专用装置的，通过可编程序动作来执行种种任务的，并具有编程能力的多功能机械手"。这一定义叙述得较为具体，但技术含义并不全面，可概括为工业机器人。

2. 日本工业机器人协会的定义

机器人是"一种装备有记忆装置和末端执行器的，能够转动并通过自动完成各种移动来代替人类劳动的通用机器"。同时，还可进一步分为两种情况来定义：

（1）工业机器人是"一种能够执行与人体上肢（手和臂）类似动作的多功能机器"；

---

① 本书中所讲的机器人均特指工业机器人。

（2）智能机器人是"一种具有感觉和识别能力，并能控制自身行为的机器"。

3. 美国国家标准局的定义

机器人是"一种能够进行编程并在自动控制下执行某些操作和移动作业任务的机械装置"。这也是一种比较广义的机器人的定义。

4. 国际标准化组织的定义

机器人是"一种自动的、位置可控的、具有编程能力的多功能机械手，这种机械手具有几个轴，能够借助于可编程序操作来处理各种材料、零件、工具和专用装置，以执行种种任务"。

5. 英国简明牛津字典的定义

机器人是"貌似人的自动机，具有智力的和顺从于人但不具人格的机器"。这是一种对理想机器人的描述，到目前为止，尚未有与人类相似的机器人出现。

6. 我国科学家对机器人的定义

随着机器人技术的发展，我国也面临讨论和制定关于机器人技术各项标准的问题，其中就包括对机器人的定义。我国科学家对机器人的定义是："机器人是一种自动化的机器，所不同的是这种机器具备一些与人或生物相似的智能能力，如感知能力、规划能力、动作能力和协同能力，是一种具有高度灵活性的自动化机器"。

工业机器人是广泛用于工业领域的多关节机械手或多自由度的机器装置，具有一定的自动性，可依靠自身的动力能源和控制能力实现各种工业加工制造功能。工业机器人被广泛应用于电子、物流、化工等各个工业领域之中。

二、机器人的特点

1. 通用性

机器人的通用性是指机器人具有执行不同功能和完成多样简单任务的实际能力，通用性也意味着机器人是可变的几何结构，或者说在机械结构上允许机器人执行不同的任务或以不同的方式完成同一工作。通用性也包括机械手的机动性和控制系统的灵活性。

2. 适应性

机器人的适应性是指其对环境的自适应能力，即所设计的机器人在工作中可以不依赖于人的干预，能够运用传感器感测环境，分析任务空间和执行操作规划，自主执行事先未经完全指定的任务。

三、工业机器人的分类

1. 按照发展历程分类

机器人按照从低级到高级的发展历程，可分为以下 3 类。

（1）第一代机器人：即可编程、示教再现的工业机器人，已商品化、实用化。

（2）第二代机器人：装备有一定的传感装置，能获取作业环境、操作对象的简单信息，通过计算机处理、分析，能进行简单的推理，对动作进行反馈的机器人，通常称为低级智能机器人。由于信息处理系统的庞大与昂贵，第二代机器人目前只有少数可投入应用。

（3）第三代机器人：具有高度适应性的自治机器人。它具有多种感知功能，可进行复杂的逻辑思维、判断决策，在作业环境中独立行动。第三代机器人又称高级智能机器人，它与第五代计算机关系密切，目前还处于研究阶段。

2. 按照驱动形式分类

机器人按照驱动形式，可分为以下 3 类。

（1）气压驱动：即利用气压传动装置与技术实现机器人驱动。

（2）液压驱动：即利用液压传动装置与技术实现机器人驱动。

（3）电驱动：即利用电传动装置与技术实现机器人驱动。目前，电驱动是机器人的主流形式，又分为直流伺服驱动和交流伺服驱动等。

3. 按照负载能力分类

机器人按照负载能力，可分为以下 5 类。

（1）超大型机器人：负载能力为 1 000 kg 以上。

（2）大型机器人：负载能力为 100 ~ 1 000 kg。

（3）中型机器人：负载能力为 10 ~ 100 kg。

（4）小型机器人：负载能力为 0.1 ~ 10 kg。

（5）超小型机器人：负载能力为 0.1 kg 以下。

4. 按照控制方式分类

机器人按照控制方式，可分为以下 6 类。

（1）人工操作装置：由操作员操纵的多自由度装置。

（2）固定顺序机器人：按预定的方法有步骤地一次执行任务的设备，其执行顺序难以修改。

（3）可变顺序机器人：同固定顺序机器人，但其顺序易于修改。

（4）示教再现机器人：操作员引导机器人手动执行任务，机器人控制系统实时存储记录这些动作轨迹及参数，并由机器人再执行，即机器人按照记录下的信息重复执行同样的动作轨迹。

（5）数控机器人：操作员提供运动程序，而不是手把手示教执行任务。

（6）智能机器人：机器人具有感知和理解外部环境的能力，即使工作环境发生变化，其也能够成功完成工作。

5. 按照坐标形式分类

机器人按照坐标形式，可分为以下 4 类。

1）直角坐标型机器人

这一类机器人手部空间位置的改变通过沿 3 个互相垂直的轴线的移动来实现，即沿着 X 轴的纵向移动，沿着 Y 轴的横向移动及沿着 Z 轴的升降，如图 1 - 2 - 1 所示。直角坐标型机器人的位置精度高，控制无耦合、简单，避障性好，但结构较庞大，无法调节工具姿态，灵活性差，难以与其他机器人协调，移动轴的结构较复杂，且占地面积较大。

2）圆柱坐标型机器人

圆柱坐标型机器人通过两个移动和一个转动实现手部空间位置的改变，Versatran 机器人是其典型代表。这类机器人手臂的运动由垂直立柱平面内的伸缩和沿立柱的升降两个直线运动及手臂绕立柱的转动复合而成，如图 1 - 2 - 2 所示。圆柱坐标型机器人的位置精度仅次于直角坐标型，控制简单，避障性好，但结构也较庞大，难以与其他机器人协调工作，两个移动轴的设计较复杂。

图 1-2-1　直角坐标型机器人

图 1-2-2　圆柱坐标型机器人

3）球坐标型机器人

这类机器人手臂的运动由一个直线运动和两个转动组成，如图 1-2-3 所示，即沿手臂方向 X 轴的伸缩，绕 Y 轴的俯仰和绕 Z 轴的回转，Unimate 机器人是其典型代表。这类机器人占地面积较小，结构紧凑，位置精度尚可，能与其他机器人协调工作，质量较小，但避障性差，有平衡问题，位置误差与臂长有关。

4）关节坐标型机器人

根据关节轴线布局不同，这类机器人又可分为水平关节坐标型机器人和垂直关节坐标型机器人。水平关节坐标型机器人结构上具有串联配置的两个能够在水平面内旋转的手臂，其关节轴线竖直；垂直关节坐标型机器人模拟人的手臂功能，主要由立柱、前臂和后臂组成，如图 1-2-4 所示，PUMA 机器人是其代表。垂直关节坐标型机器人的运动由前、后臂的俯仰及立柱的回转构成，其结构最紧凑，灵活性大，占地面积最小，工作空间最大，能与其他机器人协调工作，避障性好，是目前应用较多的一类机器人，但位置精度较低，有平衡问题，控制存在耦合，故比较复杂。

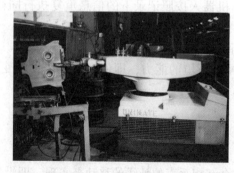

图 1-2-3　球坐标型机器人

图 1-2-4　关节坐标型机器人

单元习题

一、填空题

1. 按照机器人的技术发展水平，可以将工业机器人分为三代，即_____机器人、_____机器人和_____机器人。

2. 按照工业机器人的坐标形式分，机器人分为_____、_____、_____和_____4种。

3. 工业机器人的基本特征是_____、_____、_____、机电一体化。

4. 按照应用场景分类，工业机器人大致可以分为_____、_____、_____和_____4种。

5. 特种机器人主要是指在人们难以进入的核电站、海底、宇宙空间等进行作业的机器人。对于水下机器人，大名鼎鼎的_____是我国自主研发的载人潜水器，_____是无人遥控潜水器，二者均擅长局部作业、定点精细探测，却不擅长大范围精细探测。潜龙号则不同，它是_____潜水器，可以自由行动，在较大的区域范围内进行精细探测，可以_____、_____及_____。

二、选择题

工业机器人按照驱动方式分为（　　）。

①电力驱动　②液压驱动　③气压驱动　④机械驱动

A. ①③ B. ②③

C. ①②④ D. ①②③

三、简答题

请为工业机器人和智能机器人下定义。

单元小结

工业机器人的定义对于工业机器人的使用是非常有必要的，尤其是学习工业机器人的分类方法，对于工业机器人选型和了解工业机器人的主要技术参数及应用场景是非常重要的知识。

单元拓展

尝试搜集不同应用场景工业机器人的视频资料，按照应用场景分类方法进行分类。

任务　搜集、整理工业机器人分类及发展现状

任务描述

工业机器人的分类方法有多种，按照工业机器人的应用场景或机械结构来分类是一种比较常见的分类方法。本任务需要学生借助网络资源、书籍资源，对于各种情况下的工业机器人分类进行梳理汇总。同时，通过查阅资料，梳理国内外工业机器人的发展现状，尤其列举我国当下工业机器人的发展现状。

任务目标

（1）了解工业机器人的分类方法。

（2）掌握按照应用场景或机械结构来分类的方法。

（3）掌握工业机器人的发展现状，激发学生的爱国情怀。

任务实施

一、工业机器人的分类

（1）工业机器人分类有多种方法，我们在前面的内容已经有过介绍，具体的分类方法包括按照发展历程分类、按照驱动形式分类、按照负载能力分类、按照控制方式分类、_____。

（2）根据机械结构及坐标形式来分类，将不同坐标型工业机器人的名称、特点填写在表1－3－1之中。

表1－3－1　不同坐标型工业机器人的名称、特点

工业机器人名称	优点	缺点
（　　　　）坐标型机器人		
（　　　　）坐标型机器人		
（　　　　）坐标型机器人		
（　　　　）坐标型机器人		

（3）根据已经完成的表格，完成表1－3－2中工业机器人名称的填写。

表1－3－2　工业机器人名称

工业机器人图片	工业机器人名称
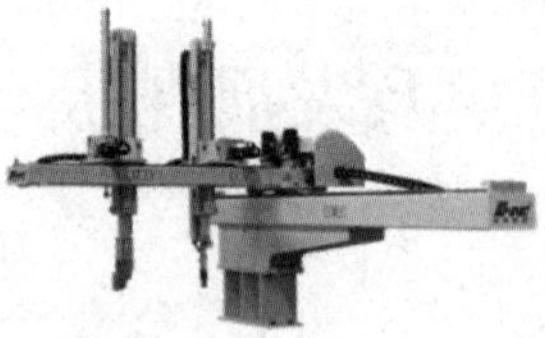	

续表

工业机器人图片	工业机器人名称

（4）根据机器人应用环境的不同，可将机器人分为＿＿＿＿＿、＿＿＿＿＿和＿＿＿＿＿。

（5）在工业领域内应用的机器人称为工业机器人，工业机器人已广泛应用于汽车及汽车零部件制造业、机械加工行业、电子电气行业、橡胶及塑料工业、食品工业、木材与家具制造业等领域中。在工业生产中，搬运机器人、码垛机器人、喷漆机器人、焊接机器人和装配机器人等工业机器人都已被大量采用，请搜集以上场景中的工业机器人图片及视频资料。

二、工业机器人的发展

（1）工业机器人在我国虽然发展时间比较短，但是，发展势头强劲，技术更迭迅速，已经呈现出一批民族自有品牌。请搜集我国自主品牌的工业机器人，并叙述其技术优势和市场占有率，填写表1-3-3。

表1-3-3　我国工业机器人技术优势和市场占有率

工业机器人品牌名称	技术优势	市场占有率

（2）请根据已经搜集的资料，识别表1－3－4中的图片，补全图片所示的工业机器人品牌名称。

表1－3－4　工业机器人品牌名称

工业机器人图片	工业机器人品牌名称

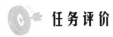 **任务评价**

完成本任务后,利用表1-3-5进行评价。

表1-3-5 任务评价表

任务评价	专业知识评价 (60分)									过程评价 (30分)			素养评价 (10分)		
	工业机器人的分类方法 (20分)			按照应用场景或机械结构来分类的方法 (20分)			国内外工业机器人的发展现状 (20分)			穿戴工装、整洁 (6分); 具有安全意识、责任意识、服从意识 (6分); 与教师、其他成员之间有礼貌地交流、互动 (4分); 能积极主动参与、实施检测任务 (9分)			能做到安全生产、文明操作、保护环境、爱护公共设施设备 (5分); 工作态度端正,无无故缺勤、迟到、早退现象 (5分)		
学习评价	自我评价 (5分)	学生互评 (5分)	教师评价 (10分)	自我评价 (5分)	学生互评 (5分)	教师评价 (10分)	自我评价 (5分)	学生互评 (5分)	教师评价 (10分)	自我评价 (10分)	学生互评 (10分)	教师评价 (10分)	自我评价 (3分)	学生互评 (3分)	教师评价 (4分)
评价得分															
得分汇总															
学生小结															
教师点评															

模块二

工业机器人的机械结构和电气控制

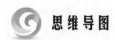 思维导图

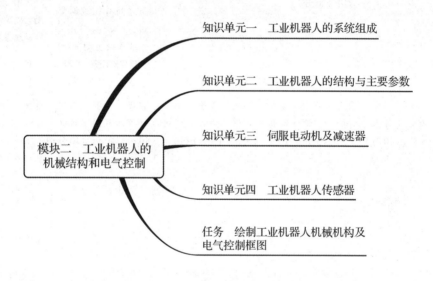

知识单元一　工业机器人的系统组成

知识单元二　工业机器人的结构与主要参数

知识单元三　伺服电动机及减速器

模块二　工业机器人的机械结构和电气控制

知识单元四　工业机器人传感器

任务　绘制工业机器人机械机构及电气控制框图

知识单元一　工业机器人的系统组成

单元描述

　　工业机器人系统主要对象包括工业机器人本体、工业机器人控制柜、变位器、电气控制系统及以上各个部分之间的相互连接。下面主要介绍本体、控制柜相关接口的使用方法及各种电缆线、电气控制系统的组成与结构。

单元目标

　　（1）掌握工业机器人本体的轴（自由度）、安全标识、机械原点、机械限位、接口。
　　（2）掌握工业机器人控制柜面板主要组成部分及相应各个面板上的端口名称、功能及

使用方法。

（3）掌握工业机器人示教器的组成、功能，培养安全意识和规范意识。

 **单元内容**

一、工业机器人系统的组成

工业机器人是一种功能完整、可独立运行的典型机电一体化设备，它有自己的控制器、驱动系统和操作界面，可对其进行手动操作、自动操作及编程，能依靠自身的控制能力来实现所需要的功能。广义上的工业机器人是由机器人本体及相关附加设备组成的完整系统，如图 2-1-1 所示，总体可分为机械部件和电气控制系统两大部分。

图 2-1-1　工业机器人系统的组成

工业机器人系统的机械部件包括机器人本体、末端执行器、变位器等；电气控制系统主要包括控制器、驱动器、操作单元、上级控制器等。其中，机器人本体、末端执行器及控制器、驱动器、操作单元是机器人必需的基本组成部件。

在电气控制系统中，上级控制器是用于机器人系统协同控制、管理的附加设备，既可用于机器人与机器人、机器人与变位器的协同作业控制，又可用于机器人和数控机床、机器人和自动生产线其他机电一体化设备的集中控制。此外，其还可用于机器人的操作、编程与调试。上级控制器同样可根据实际系统的需要选配，在柔性加工单元（Flexible Manufacture Cell，FMC）、自动生产线等自动化设备上，上级控制器的功能也可直接由数控机床所配套的数控系统（Computer Numerical Control，CNC）、生产控制用的 PLC 等承担。

二、工业机器人本体

工业机器人本体又称操作机，如图 2-1-2 所示，它是用来完成各种作业的执行机构，包括机械部件及驱动电机、传感器等。

机器人本体的形态各异，但绝大多数是由若干关节和连杆连成。以常用的六轴垂直串联型工业机器人为例，其运动主要包括整回转（腰关节）、下臂摆动（肩关节）、上臂摆动（肘关节）、腕回转和弯曲（腕关节）等。

1. 工业机器人的轴

机器人机构能够独立运动的关节数目，称为机器人机构的运动自由度，简称自由度（Degree of Freedom，DOF）。目前，工业机器人采用的控制方法是把机械臂上每一个关节都当作一个单独的伺服机构，即每个轴对应一个伺服器，每个伺服器通过总线控制，由控制器统一控制并协调工作。

机器人轴的数量决定了其自由度，随着轴数的增加，机器人的灵活性也随之增长。但是，在目前的工业应用中，用得最多的是三轴、四轴、五轴双臂和六轴的工业机器人，轴数的选择通常取决于具体的应用。这是因为，在某些应用中，并不需要很高的灵活性，而三轴和四轴工业机器人具有更高的成本效益，并且三轴和四轴工业机器人在速度上也具有很大的优势。如果只是进行一些简单的应用，如在传送带之间拾取放置零件，那么四轴工业机器人就足够了。如果工业机器人

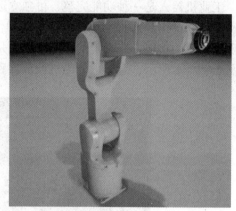

图 2-1-2　工业机器人本体

需要在一个狭小的空间内工作，而且机械臂需要扭曲反转，六轴或者七轴工业机器人是较好的选择。

机器人的手部用来安装末端执行器，它既可以安装类似人类的手爪，又可以安装吸盘或其他各种作业具；腕部用来连接手部和手臂，起到支撑手部的作用；上臂用来连接腕部和下臂，它可回绕下臂摆动，实现手腕大范围的上下（俯仰）运动；下臂用来连接上臂和腰部，实现手腕大范围的前后运动；腰部用来连接下臂和基座，它可以在基座上转动，以改变整个机器人的作业方向；基座是整个机器人的支撑部分。机器人的基座、腰部、下臂、上臂统称为机身；机器人的腕部和手部统称为手腕。

末端执行器与机器人的作业要求、作业对象密切相关，一般由机器人制造厂商和用户共同设计与制造。例如，用于装配、搬运、包装的机器人需要配置吸盘、手爪等用来抓取零件、物品的夹持器；而加工类机器人需要配置用于焊接、切割、打磨等加工的焊枪、割枪、铣头、磨头等各种工具或刀具。

2. 工业机器人的安全标识

机器人和控制器都贴有数个安全标识，其中包含产品的相关重要信息。这些信息对所有操作机器人系统的人员都非常有用，因而安装、检修或操作期间，有必要维护好安全标识的完整。了解工业机器人的安全标识是使用工业机器人的必需步骤，关乎使用者和设备的安全。

以 ABB 的 IRB 1200 工业机器人为例，该机器人在四轴顶端安装有橙色安全灯。该灯在"电机开启"模式下亮起，如图 2-1-3 所示。

图 2 - 1 - 3　IRB 1200 的安全灯

1）电击符号

电击符号（闪电形状）主要针对可能会导致严重人身伤害或死亡的电气危险的警告。电击符号如图 2 - 1 - 4 所示。

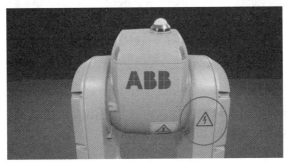

图 2 - 1 - 4　电击符号

2）高温符号

在正常运行期间，许多机器人部件都会发热，尤其是驱动电机和齿轮箱。某些时候，这些部件周围的温度也会很高，触摸它们可能会造成不同程度的灼伤。环境温度越高，机器人的表面越容易变热，造成灼伤的概率也就越大。另外，在控制柜中，驱动部件的温度可能会很高。高温符号如图 2 - 1 - 5 所示。

图 2 - 1 - 5　高温符号

对于发热组件应注意以下两点。

（1）在实际触摸之前，务必使用测温工具（如测温枪）对组件进行温度检测确认。

（2）如果要拆卸可能会发热的组件，应待其彻底冷却，或采用其他方式处理。

3. 工业机器人的机械原点

工业机器人的机械原点就是工业机器人坐标系的原点位置。ABB 工业机器人 6 个关节轴都有 1 个机械原点，其实物图如图 2 - 1 - 6 所示。

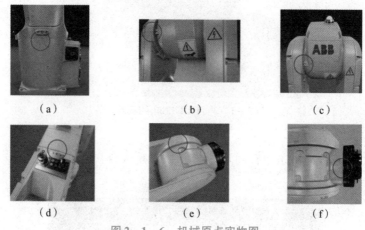

（a）　　　　　　　　　　　（b）　　　　　　　　　　　（c）

（d）　　　　　　　　　　　（e）　　　　　　　　　　　（f）

图 2 - 1 - 6　机械原点实物图

（a）1 轴；（b）2 轴；（c）3 轴；（d）4 轴；（e）5 轴；（f）6 轴

4. 工业机器人的机械限位

工业机器人的机械限位用于避免机器人所在轴超出工作区域发生危险，因此要定期进行检查。IRB 1200 机械限位实物图如图 2 - 1 - 7 所示。

5. 工业机器人的接口

工业机器人的接口包括本体接口和外部接口。其中，本体接口包括底座接口和五轴外部接口，通过不同接口完成机器人伺服电动机供电、编码器数据传输、气压供给、工具应用等功能。工业机器人本体接口和外部接口实物图如图 2 - 1 - 8 和图 2 - 1 - 9 所示。

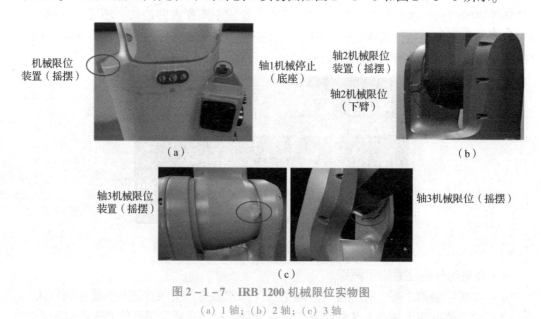

机械限位装置（摇摆）　　　　　　　轴1机械停止（底座）　　　轴2机械限位装置（摇摆）　　　轴2机械限位（下臂）

（a）　　　　　　　　　　　　　　　　（b）

轴3机械限位装置（摇摆）　　　　　　　　　　　　　轴3机械限位（摇摆）

（c）

图 2 - 1 - 7　IRB 1200 机械限位实物图

（a）1 轴；（b）2 轴；（c）3 轴

制动器释放

连接R1.MP，与控制柜XS1接口连接，电源电缆，用于将驱动电力从控制机中的驱动装置传输到机器人电动机

连接气管，编号4，最大5bar，软管内径4 mm

连接（R1）R1.Ethernet，客户以太网，编号8，100/10 Base-TX

连接（R1）R1.SMB，与控制柜XS2接口连接，信号电缆，用于将编码器数据从电源传输到编码器接口板

连接（R1）R1.CP/CS，客户电力/信号，编号10，49 V，500 mA

图2-1-8 工业机器人本体接口实物图

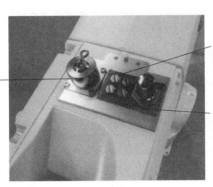

连接（R1）R4.CP/CS，客户电力/信号，编号10，49 V，500 mA

连接（R1）R1.Ethernet，客户以太网，编号8，100/10 Base-TX

连接气管，编号4，最大5 bar，软管内径4 mm

图2-1-9 工业机器人外部接口实物图

三、变位器

变位器是用于机器人或工件整体移动，进行协同作业的附加装置，它既可选配机器人生产厂家的标准部件，又可由用户根据需要设计、制作。通过选配变位器，不仅可以增加机器人的自由度和作业空间；还可以实现作业对象或其他机器人的协同运动，增强机器人的功能和作业能力。简单机器人系统的变位器一般由机器人控制器直接控制，多机器人复杂系统的变位器需要由上级控制器进行集中控制。ABB变位器如图2-1-10所示。

机器人变位器可分为通用型和专用型两类，其运动轴数可以是单轴、双轴、三轴或多轴。通用型变位器又可分为回转变位器和直线变位器两类。其中，回转变位器与数控机床回转工作台类似，可用于机器人或作业对象的大范围回转；直线变位器与数控机床工作台类似，多用于机器人本体的大

图2-1-10 ABB 变位器

范围直线运动。专用型变位器一般用于作业对象的移动，其结构各异、种类较多，有兴趣的学生可自行查阅资料。

四、电气控制系统

在机器人电气控制系统中，上级控制器仅用于复杂系统各种机电一体化设备的协同控制、运行管理和调试编程，它通常以网络通信的形式与机器人控制器进行信息交换，因此，其实际上属于机器人电气控制系统的外部设备；而控制器、操作单元、驱动器是机器人控制必不可少的系统部件。

1. 控制器

控制器是用于机器人坐标轴位置和运动轨迹控制的装置，输出运动轴的插补脉冲，其功能与数控装置非常类似。图 2 - 1 - 11 为 ABB 工业机器人 IRC5 控制器。工业机器人控制器是工业机器人系统组成的一部分，主要用于控制机器人本体的运动轨迹，相当于机器人的大脑，所有的动作指令都由控制器发出。

图 2 - 1 - 11　ABB 工业机器人 IRC5 控制器

控制器前端面板包括 3 个主要面板，分别是电缆面板、电源面板、控制面板，如图 2 - 1 - 12 所示。

1）电缆面板

电缆面板包括示教器电缆接口（XS4）、附加轴 SMB 电缆接口（XS41）、SMB 电缆接口（XS2）、伺服电缆接口（XS1）。电缆面板实物图如图 2 - 1 - 13 所示。

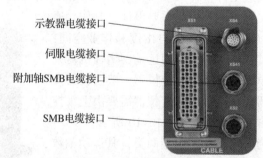

图 2 - 1 - 12　电缆面板实物图

（1）示教器电缆接口：示教器连接电缆。

（2）附加轴 SMB 电缆接口：控制选项信号输入口，用户附加使用信号电缆。

（3）SMB 电缆接口：信号电缆，通过串行测量板（Serial Measuring Board，SMB）负责连接各伺服电动机转速计数器（即旋转编码器 EIB）。

（4）伺服电缆接口：电力电缆，负责各伺服电动机动力供电。

2）电源面板

电源面板包括电源输入接口、电源切换开关。电源面板实物图如图 2 - 1 - 13 所示。

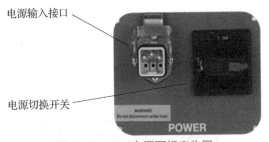

电源输入接口

电源切换开关

图 2 - 1 - 13　电源面板实物图

（1）电源输入接口：电源输入连接器，电压为交流 220 ~ 230 V。

（2）电源切换开关：负责电源通断，ON 为通电，OFF 为断电。

3）控制面板

控制面板包括模式开关、急停开关、制动器释放按钮、电动机上电按钮。控制面板实物图如图 2 - 1 - 14 所示。

模式开关

急停开关

制动器释放按钮

电动机上电按钮

图 2 - 1 - 14　控制面板实物图

（1）模式开关：选择手动模式或者自动模式。

（2）急停开关：负责紧急停止机器人的操作。

（3）制动器释放按钮：按下后解除所有伺服电动机制动器，需谨慎使用，且仅对 IRB 1200 适用。机器人的制动器应该在带电情况下手动释放。当控制器电源开关为"开"时，即使系统处于紧急状态，电源依然供电。机器人型号不同，制动器释放按钮的位置也不同。

（4）电动机上电按钮：负责为各伺服电动机上电。

2. 操作单元

工业机器人的现场编程一般通过示教操作实现，它对操作单元的移动性能和手动性能的要求较高，但其显示功能一般不及数控系统。机器人的操作单元以手持式为主，习惯上称为示教器或教导盒。示教器是进行机器人手动操纵、程序编写、参数配置及监控的手持装置，也是最常用的机器人控制装置。

传统的示教器由显示器和按键组成，操作者可根据系统的显示器提示和按键，直接输入命令和进行所需的操作。按键型示教器的操作简单、直观，但由于手持式示教器的外形、体积和质量均受到限制，其显示器通常较小，其按键的数量也不像数控机床等设备的固定式示教器那样完整、齐全。

采用触摸屏的示教器可大幅度减少操作键的数量，最大限度增加显示器尺寸。这种示教器通常只有急停、功能选择、手动与自动运行控制等少量常用按键，其他操作均需要通过触摸键进行。

随着技术的进步，目前已出现了通过 Wi‑Fi 连接的智能手机型示教器，这种示教器的最大优点是省略了示教器和控制器间的连接电缆，其使用更加灵活、方便，是适用于网络环境的新型示教器。

要操作工业机器人，就必须和机器人示教器打交道。下面以 ABB 工业机器人示教器 FlexPendant 为例进行介绍，其实物图如图 2 – 1 – 15 所示。

图 2 – 1 – 15 工业机器人示教器实物图

FlexPendant（有时又称 TPU 或教导器单元）用于处理与机器人系统操作相关的许多功能，如运行程序、微动控制操纵、修改机器人程序等。FlexPendant 可在恶劣的工业环境下持续运作，其触摸屏易于清洁，且防水、防油、防溅。

FlexPendant 由硬件和软件组成，其本身就是一成套完整的计算机，是 IRC5 的一个组成部分，通过集成电缆和连接器与控制器连接。下面对其进行详细介绍。

1）示教器组成

示教器由触摸屏、快捷键单元、手动操作摇杆、USB 接口、急停按钮等组成，如图 2 – 1 – 16 所示。

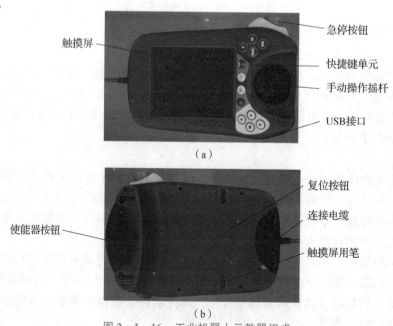

图 2 – 1 – 16 工业机器人示教器组成

（a）正面；（b）背面

（1）触摸屏：用于显示 FlexPendant 触摸屏的各种重要功能。

（2）快捷键单元：又称硬按钮，FlexPendant 上有专用的硬件按钮，可以将自己的功能指定给其中 4 个按钮。

（3）手动操作摇杆：又称控制杆，用来移动机器人。使用手动操作摇杆移动机器人的设置有多种，其动作幅度决定了工业机器人的运动速度。

（4）USB 接口：将 USB 存储器连接到 USB 接口以读取或保存文件。USB 存储器在 FlexPendant 浏览器中显示为"驱动器/USB：可移动的"。注意，在不使用时盖上 USB 接口的保护盖；USB 接口和复位按钮对使用 RobotWare 5.12 或更高版本的系统有效，这些按钮对于较旧版本的系统无效。

（5）急停按钮：用于紧急停止，紧急停止状态意味着所有电源都要与操纵器断开连接，手动制动器释放电路除外。必须执行恢复程序，即重置急停按钮并按"电机开启"按钮，才能返回正常操作。

（6）触摸笔：随 FlexPendant 提供，放在 FlexPendant 的后面。使用 FlexPendant 时要用触摸笔触摸屏幕，不要使用螺丝刀或其他尖锐的物品接触屏幕。

（7）复位按钮：用于重置 FlexPendant，而不是控制器上的系统。

（8）连接电缆：用于连接控制器 XS4 接口，进行控制信号传输。

（9）使能器按钮：又称使能装置，是一个位于 FlexPendant 一侧的按钮，半按该按钮可使系统切换至 MOTORS ON 状态。释放或全按该按钮时，可使系统切换至 MOTORS OFF 状态。

2）快捷键单元

快捷键单元实物图如图 2 - 1 - 17 所示。

（1）A ~ D 预设按键：FlexPendant 上的 4 个硬件按钮，可用于由用户设置的专用特定功能。

（2）E：选择机械单元。

（3）F：切换运动模式，重定向或线性。

（4）G：切换运动模式，轴 1—3 或轴 4—6。

（5）H：切换增量。

（6）J：Step BACKWARD（步退）按钮。按下此按钮，可使程序后退至上一条指令。

（7）K：START（启动）按钮。开始执行程序。

（8）L：Step FORWARD（步进）按钮。按下此按钮，可使程序前进至下一条指令。

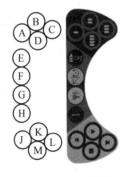

图 2 - 1 - 17　快捷键单元实物图

（9）M：STOP（停止）按钮。停止程序执行。

3）示教器使用

使能器按钮是工业机器人为保证操作人员人身安全而设置的。只有在按下使能器按钮，并保持在"电机开启"的状态时，才可对机器人进行手动操作与程序调试。当发生危险时，人会本能地将使能器按钮松开或按紧，此时机器人会马上停下来。

使能器按钮分为两挡，在手动状态下按第一挡，机器人将处于"电机开启"状态。按第二挡，机器人处于"防护装置停止"状态。

操作 FlexPendant 时，通常需要手持该设备。习惯右手在触摸屏上操作的人员，通常左手手持该设备。习惯左手在触摸屏上操作的人员，通常右手手持该设备。

右手手持该设备时可以将显示器显示方式旋转 180°，以方便操作。握持示教器的方法如图 2-1-18 所示。

图 2-1-18　握持示教器的方法

3. 驱动器

机器人目前常用的驱动器以交流伺服驱动器为主。驱动器实际上是用于控制器的插补脉冲功率放大的装置，实现驱动电机位置、速度、转矩控制，通常安装在控制柜内。驱动器的形式取决于驱动电机的类型，伺服电动机需要配套伺服驱动器，步进电动机则需要使用步进驱动器。

集成式驱动器全部运动轴的控制板、逆变模块均集成于一体，驱动器的电源模块可独立或集成，这种驱动器的结构紧凑、生产成本低，是目前使用较为广泛的结构形式。

模块式驱动器由电源模块和驱动模块组成，电源模块为所有轴公用，驱动模块可根据需要灵活选配，整个驱动器需要统一安装。

独立型驱动器的每一运动轴都使用电源和驱动电路集成一体的独立单元，此种驱动器使用灵活、安装简单、通用性好，调试、维修和更换方便。

4. 辅助控制电路

辅助控制电路主要用于控制器、驱动器电源的通断控制和接口信号的转换。由于工业机器人的控制要求类似，接口信号的类型基本统一，为了缩小体积、降低成本、方便安装，辅助控制电路常被制成标准的控制模块。

不同机器人的电气控制系统组成部件和功能类似，因此在机器人生产厂家，通常将电气控制系统统一设计成通用控制柜结构。在控制柜中，示教器是用于工业机器人操作、编程及数据输入/显示的人机界面。

5. 线缆

工业机器人的线缆主要包括动力电缆、SMB 电缆、示教器电缆，其实物图如图 2-1-19 所示。

（a）   （b）   （c）

图 2-1-19 工业机器人线缆实物图

（a）动力电缆；（b）SMB 电缆；（c）示教器电缆

单元习题

一、填空题

1. 工业机器人是一种功能完整、可独立运行的典型机电一体化设备，广义上的工业机器人是由_____及相关_____组成的完整系统，它总体可分为_____和_____两大部分。

2. 工业机器人系统的机械部件包括_____、_____、_____等；电气控制系统主要包括_____、_____、_____等。其中，_____、_____及_____、_____、_____是机器人必需的基本组成部件。

3. 机器人本体的形态各异，六轴垂直串联型工业机器人，其运动主要包括_____、_____、_____、_____和_____等。

4. 机器人机构能够独立运动的关节数目，称为机器人机构的_____，简称_____。

5. 机器人_____决定了其自由度，随着轴数的_____，机器人的灵活性也随之增长。

二、选择题

1. 工业机器人的安全标识包括（   ）。

①电击符号 ②高温符号 ③防泄漏符号 ④有毒害气体符号

A. ①③   B. ②③   C. ①④   D. ①②

2. 控制柜前端面板包括 3 个主要面板是（   ）。

①电缆面板 ②电源面板 ③控制面板 ④电动机面板

A. ①③④   B. ②③④   C. ①③④   D. ①②③

3. ABB IRB 120D 机器人的主电源开关位于（   ）。

A. 机器人本体上   B. 示教器上

C. 控制柜上   D. 需外接

4. 在机器人急停解除后，在（   ）复位可以使电动机上电。

A. 控制柜上按钮   B. 示教器

C. 控制器内部   D. 机器人本体

5. 机器人 SMB 电池位于（   ）。

A. 控制柜里面   B. 机器人本体上
C. 外挂电池盒内   D. 机器人电动机内
6. 示教器不能（   ）。
A. 放在机器人控制柜上   B. 随手携带
C. 放在变位机上   D. 挂在操作位置

三、简答题

描述 ABB 工业机器人示教器的使用方法。

单元小结

工业机器人的系统组成是学习工业机器人框架性的内容，尤其需要了解并掌握本体、控制柜及示教器的组成及应用，本体的轴（自由度）、安全标识、机械原点、机械限位接口，控制柜面板主要组成部分及相应各个面板上的接口名称、功能及使用方法，示教器的组成、功能。

单元拓展

请使用本次所学知识描述所在实训室工业机器人的各个组成部分，对其进行拍照并进行标注。

搜集两款我国自有品牌工业机器人，并且用图片说明各个组成部分相应的功能。

知识单元二　工业机器人的结构与主要参数

单元描述

工业机器人按机械结构分为垂直串联型机器人、水平串联型机器人、并联型机器人 3 种常见类型。选配工业机器人时需要关注其主要技术参数，如自由度、工作空间、负载能力、工作精度、重复定位精度等。

单元目标

（1）了解工业机器人的机械结构。
（2）掌握工业机器人的主要技术参数，并能据此进行工业机器人的基础选配。

单元内容

一、工业机器人的机械结构

从运动学原理上来说，绝大多数机器人的本体是由若干关节和连杆组成的运动链。根据关节间的连接形式不同，多关节工业机器人可分为垂直串联型、水平串联型和并联型三大类。

1. 垂直串联型机器人

垂直串联是工业机器人最常见的结构形式，机器人的本体部分一般由 5~7 个关节在垂直方向依次串联而成，它可以模拟人类从腰部到手腕的运动，用于加工、搬运、装配、包装等各种场合。

六轴垂直串联是垂直串联型机器人的典型结构，如图 2-2-1 所示。机器人的 6 个运动轴分别为腰部回转轴 S（swing）、下臂摆动轴 L（lower arm wiggle）、上臂摆动轴 U（upper arm wiggle）、腕回转轴 R（wrist rotation）、腕弯曲轴 B（wrist bending）、手回转轴 T（turning）。其中，S、R、T 轴可在四象限回转，称为回转轴；L、U、B 轴一般只能在三象限回转，称为摆动轴。

六轴垂直串联型机器人末端执行器作业点的运动由手臂和手腕、手的运动合成。其中，腰、下臂、上臂 3 个关节可用来改变手腕基准点的位置，称为定位机构。手腕部分的腕回转、弯曲和

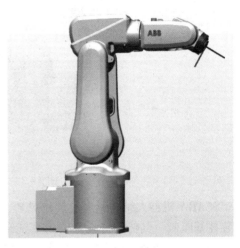

图 2-2-1　六轴垂直串联型机器人

手回转 3 个关节可用来改变末端执行器的姿态，称为定向机构。这种机器人较好地实现了三维空间内的任意位置和姿态控制，对于各种作业都有良好的适应性，故可用于加工、搬运、装配、包装等各种场合。但是，由于结构所限，六轴垂直串联型机器人存在运动干涉区域，在上部或正面运动受限时，进行下部、反向作业非常困难，为此，在先进的工业机器人中有时也采用七轴垂直串联结构。七轴垂直串联型机器人在六轴垂直串联型机器人的基础上增加了下臂回转轴 LR（lower arm rotation），使定位机构扩大到腰回转、下臂摆动、下臂回转、上臂摆动 4 个关节，手腕基准点（参考点）的定位更加灵活。当机器人运动受到限制时，它仍能通过下臂的回转，避让干涉区。

机器人末端执行器的姿态与作业要求有关，在部分作业场合，有时可省略 1~2 个运动轴，简化为 4~5 轴垂直串联型机器人。例如，对于以水平面作业为主的搬运、包装机器人，可省略腕回转轴 R，以简化结构、增加刚性等。

为了减轻六轴垂直串联型机器人的上部质量，大型、重载的搬运、码垛机器人也经常采用平行四边形连杆驱动机构来实现上臂和腕弯曲的摆动运动。采用平行四边形连杆机构驱动，不仅可加长力臂、放大电动机驱动力矩、提高负载能力，还可将驱动机构的安装位置移至腰部，以降低机器人的重心，增加运动稳定性。平行四边形连杆机构驱动的机器人结构刚性更高、负载能力更强。

2. 水平串联型机器人

水平串联结构又称选择顺应性装配机器手臂（Selective Compliance Assembly Robot Arm，SCARA）结构。

SCARA 机器人（见图 2-2-2）的手臂由 2~3 个轴线相互平行的水平旋转关节 C1、

C2、C3 串联而成，以实现平面定位；整个手臂可通过垂直方向的直线移动轴 Z 轴进行升降运动。

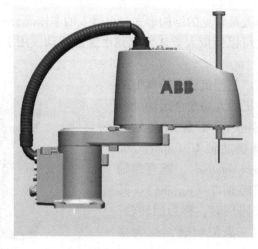

图 2 - 2 - 2　水平串联型机器人

SCARA 机器人结构紧凑、动作灵巧，但水平旋转关节 C1、C2、C3 的驱动电机均需要安装在基座侧，其传动链长，传动系统结构较为复杂；此外，Z 轴需要控制 3 个手臂的整体升降，其运动部件质量较大，升降行程通常较小，因此，实际使用时经常采用执行器升降结构。执行器升降结构的 SCARA 机器人不仅可扩大 Z 轴的升降行程、减轻升降部件的质量、提高手臂刚性和负载能力，还可将 C2、C3 轴的驱动电机安装位置前移，以缩短传动链、简化传动系统结构。但是，这种结构的机器人回转臂的体积大，结构不及基本型紧凑，因此，多用于垂直方向运动不受限制的平面搬运和部件装配作业。

SCARA 机器人结构简单、外形轻巧、定位精度高、运动速度快，特别适合于平面定位、垂直方向装卸的搬运和装配作业，故首先被用于 3C 行业（计算机 computer、通信 communication、消费性电子 consumer electronic），完成印制电路板的器件装配和搬运作业；随后在光伏行业的 LED、太阳能电池安装，以及塑料、汽车、药品、食品等行业的平面装配和搬运领域得到了广泛的应用。SCARA 机器人的工作半径通常为 100 ~ 1 000 mm，承载 1 ~ 200 kg。

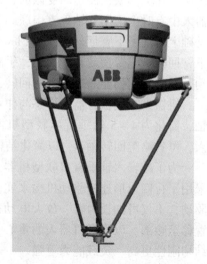

图 2 - 2 - 3　并联型机器人

3. 并联型机器人

并联结构的工业机器人简称并联型机器人（见图 2 - 2 - 3），这是一种多用于电子电工、食品药品等行业装配、包装、搬运工作的高速、轻载机器人。

Delta 机器人一般采用悬挂式布置，其基座上置，手腕通过空间均匀分布的 3 根并联连杆支撑，机器人可通过连杆摆动角的控制，使手腕在一定的空间圆柱内定位。这种机器人具有结构简单、运动控制容易、安装方便等优点，它是目前并联型机器人的基本结构。但是，连杆摆动结构的 Delta 机器人承载能力通常较小（一般在 10 kg 以内），故多用于电子、食品、药品等行业中轻量物品的分拣、搬运等。

二、工业机器人的主要技术参数

工业机器人的技术参数决定了其应用场景，同样，对于技术人员，在工业机器人选型时，必须了解相应的技术参数。

1. 自由度

机器人的自由度是指描述机器人本体（不含末端执行器）相对于基坐标系（机器人坐标系）进行独立运动的数目。机器人的自由度表示机器人动作灵活的尺度，一般以轴的直线移动、摆动或旋转动作的数目来表示。工业机器人一般采用空间开链连杆机构，其中的运动副（转动副或移动副）常称为关节，关节个数通常即为工业机器人的自由度数，大多数工业机器人有 3~6 个运动自由度。六自由度工业机器人如图 2-2-4 所示。

图 2-2-4　六自由度工业机器人

自由度是衡量机器人动作灵活性的重要指标。机器人的每一个自由度原则上都需要有一个伺服轴进行驱动，因此，在产品样本和说明书中，通常以控制轴数来表示。由伺服轴驱动的执行器主动运动，称为主动自由度；主动自由度一般有平移、回转、绕水平轴线的垂直摆动、绕垂直轴线的水平摆动 4 种。

2. 工作空间

工作空间又称工作范围、工作区域。机器人的工作空间是指机器人手臂末端或手腕中心（手臂或手部安装点）所能到达的所有点的集合，不包括手部本身所能到达的区域。由于末端执行器的形状和尺寸是多种多样的，为真实反映机器人的特征参数，工作空间是机器人未装任何末端执行器情况下的最大空间。机器人外形尺寸和工作空间如图 2-2-5 所示。工作范围需要剔除机器人运动过程中可能产生碰撞、干涉的区域和奇异点。在实际使用时，还需要考虑安装末端执行器后可能产生的碰撞。

奇异点又称奇点，在数学上的意义为不满足整体性质的个别点。机器人位置控制采用的是逆运动学，使得正常工作范围内的某些位置存在多种实现的可能，这就是奇异点。

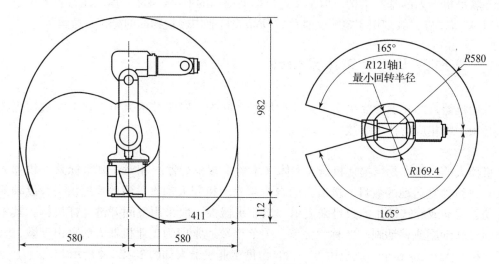

图 2 - 2 - 5　机器人外形尺寸和工作空间

根据美国机器人工业协会等的定义，机器人奇异点是"由两个或多个机器人轴的共线对准所引起的、机器人运动状态和速度不可预测的点"。奇异点通常存在于作业空间的边缘；如奇异点连成一片，则称为空穴。

在标准六轴工业机器人运动学系统中，机器人有 3 个奇异点位置需要区别对待。它们分别是顶部奇异点、延伸奇异点、腕部奇异点。奇异点的特性为无法正确地进行规划运动，基于坐标的规划运动无法明确地反向转化为各轴的关节运动。机器人在奇异点附近进行规划运动（直线、圆弧等，不包括关节运动）时会报警停止，所以示教时应尽量避开奇异点或使关节运动通过奇异点。很多机器人会存在这种奇异点，这种现状只与机器人的结构有关。

（1）顶部奇异点。腕关节中心点 4、5、6 轴交点，当其位于 1 轴轴线上方时，机器人处于顶部奇异点，如图 2 - 2 - 6 所示。

（2）延伸奇异点。当 A2—A3 延长线经过腕关节中心点时，机器人处于延伸奇异点，如图 2 - 2 - 7 所示。

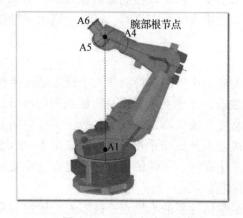

图 2 - 2 - 6　顶部奇异点

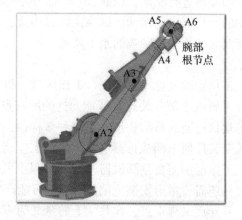

图 2 - 2 - 7　延伸奇异点

（3）腕部奇异点。当4轴与6轴平行即5轴关节值接近0时，机器人处于腕部奇异点，如图2-2-8所示。因此，在ABB机器人仿真软件RobotStudio的机器人模型中，机器人的5轴会稍微向下倾斜，如图2-2-9所示，以避开奇异点。

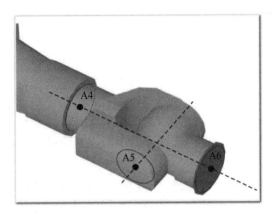

图2-2-8 腕部奇异点

图2-2-9 ABB机器人模型

3. 负载能力（承载能力）

承载能力是指机器人在作业空间内所能承受的最大负载，它一般用质量、力、转矩等技术参数来表示。如果将零件从一个位置搬至另一个位置，就需要将零件的质量和机器人手爪的质量计算在负载内。目前使用的工业机器人负载范围为0.5~800 kg，如ABB 120 5/0.8，这个型号的具体含义是，IRB 120型工业机器人，最大负载能力承重5 kg，工作范围0.8 m。

4. 工作精度

工业机器人工作精度是指定位精度（又称绝对精度）和重复定位精度。定位精度是指机器人手部实际到达位置与目标位置之间的差异，用反复多次测试的定位结果的代表点与指定位置之间的距离来表示。重复定位精度是指机器人重复定位手部于同一目标位置的能力，以实际位置值的分散程度来表示。目前，工业机器人的重复定位精度可达±0.01~±0.5 mm。根据作业任务和末端持重的不同，工业机器人的重复定位精度亦要求不同，如表2-2-1所示。

表2-2-1 工业机器人的重复定位精度

作业任务	额定负载/kg	重复定位精度/mm
搬运	5~200	±0.2~±0.5
码垛	50~800	±0.5
点焊	50~350	±0.2~±0.3
弧焊	3~20	±0.08~±0.1
涂装	5~20	±0.2~±0.5

续表

作业任务	额定负载/kg	重复定位精度/mm
装配	2 ~ 5	±0.02 ~ ±0.03
	6 ~ 10	±0.06 ~ ±0.08
	10 ~ 20	±0.06 ~ ±0.1

5. 最大运动速度

运动速度决定了机器人的工作效率，它是反映机器人性能水平的重要参数。产品样本和说明书中所提供的运动速度，一般是指机器人在空载、稳态运动时所能够达到的最大运动速度。

机器人的运动速度用参考点在单位时间内能够移动的距离（mm/s）、转过的角度或弧度（°/s 或 rad/s）来表示，按运动轴分别进行标注。当机器人进行多轴同时运动时，其空间运动速度应是所有参与运动轴的速度合成。

单元习题

一、填空题

1. 从运动学原理上来说，绝大多数机器人的本体是由_____和_____组成的运动链。根据关节间的连接形式不同，多关节工业机器人可分为_____、_____和_____三大类。

2. 六轴垂直串联型结构机器人的末端执行器作业点的运动，由_____和_____、_____的运动合成。其中，腰、下臂、上臂 3 个关节可用来改变手腕基准点的位置，称为_____。手腕部分的腕回转、弯曲和手回转 3 个关节可用来改变末端执行器的姿态，称为_____。

3. 水平串联结构又称_____结构。

4. 工业机器人的主要技术参数包括_____、_____、_____、_____、_____。

5. 在标准六轴工业机器人运动学系统中，机器人有 3 个奇异点位置需要区别对待。它们分别是_____、_____、_____。

二、选择题

1. 机器人本体是工业机器人机械主体，是完成各种作业的（　　）。
A. 执行机构　　　　　　　　　　　B. 控制系统
C. 传输系统　　　　　　　　　　　D. 搬运机构

2. 机器人的手部装在机器人的（　　）部上，直接抓握工作或执行作业的部件。
A. 臂　　　　　B. 腕　　　　　C. 手　　　　　D. 关节

3. 允许机器人手臂各零件之间发生相对运动的机构称为（　　）。
A. 机座　　　　　B. 机身　　　　　C. 手腕　　　　　D. 关节

三、简答题

描述工业机器人参数的定义。

单元小结

按照机械结构进行分类，多关节工业机器人的典型结构主要有垂直串联型、水平串联型和并联型三大类。工业机器人主要技术参数包括自由度、工作空间、承载能力、工作精度、最大运动速度等。

单元拓展

请合理使用网络和书籍搜集国内4种品牌工业机器人的具体型号参数，并且按照工业机器人机械结构进行分类，然后描述其具体的技术参数。

知识单元三　伺服电动机及减速器

 单元描述

工业机器人内部执行机构是伺服电动机带动减速器进行运动的。因此，伺服电动机的工作原理及其特点，RV减速器、谐波减速器的工作原理是学习工业机器人机械结构的必备知识。

单元目标

（1）了解伺服电动机的工作原理及其内部结构。
（2）掌握RV减速器与谐波减速器的区别及其应用。

单元内容

一、伺服电动机

1. 伺服电动机的定义及工作原理

伺服电动机（又称执行电动机）是一种应用于运动控制系统的控制电动机，它的输出参数，如位置、速度、加速度或转矩是可控的，如图2-3-1所示。

伺服电动机在自动控制系统中作为执行元件，把输入的电压信号变换成转轴的角位移或角速度输出。输入的电压信号又称控制信号或控制电压，改变控制电压可以改变伺服电动机的转速及转向。

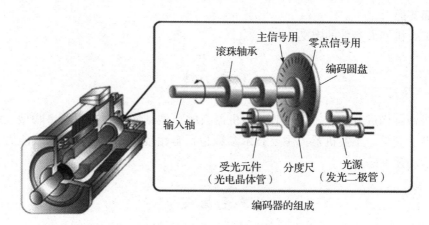

图 2 - 3 - 1 伺服电动机

2. 伺服电动机的分类

伺服电动机按其使用电源性质的不同，可分为交流伺服电动机和直流伺服电动机两大类。

交流伺服电动机按结构和工作原理的不同，可分为交流异步伺服电动机和交流同步伺服电动机。交流异步伺服电动机又分为两相交流异步伺服电动机和三相交流异步伺服电动机，其中两相交流异步伺服电动机又分为笼形转子两相伺服电动机和空心杯形转子两相伺服电动机等。交流同步伺服电动机又分为永磁式交流同步电动机、磁阻式交流同步电动机和磁滞式交流同步电动机等。

直流伺服电动机有传统型和低惯量型两大类。直流伺服电动机按励磁方式可分为永磁式和电磁式两种。传统型直流伺服电动机的结构形式和普通直流电动机基本相同。

随着电子技术的飞速发展，又出现了采用电子器件换向的新型直流伺服电动机。此外，为了适应高精度低速伺服系统的需要，又出现了直流力矩电动机。在某些领域（如数控机床），已经开始应用直线伺服电动机，如图 2 - 3 - 2 所示。目前，伺服电动机正在向着大容量和微型化方向发展。

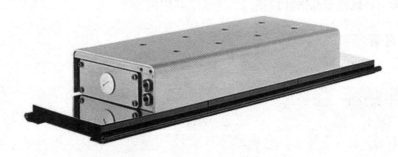

图 2 - 3 - 2 直线伺服电动机

3. 伺服电动机的特点

伺服电动机的种类很多，用途也很广泛，在自动控制系统中，通常要求其具有以下特点。

（1）宽广的调速范围，即要求伺服电动机的转速随着控制电压的改变能在宽广的范围内连续调节。

（2）机械特性和调节特性均为线性。伺服电动机的机械特性是指控制电压一定时，转速随转矩的变化关系；调节特性是指电动机转矩一定时，转速随控制电压的变化关系。线性的机械特性和调节特性有利于提高自动控制系统的动态精度。

（3）无"自转"现象，即要求伺服电动机在控制电压降为零时能立即自行停转。

（4）快速响应，即电动机的机电时间常数要小，相应地伺服电动机要有较大的堵转转矩和较小的转动惯量。这样，电动机的转速才能随着控制电压的改变而迅速变化。

（5）应能频繁启动、制动、停止、反转及连续低速运行。

此外，还有一些其他要求，如希望伺服电动机具有较小的控制功率、质量小、体积小等。

二、减速器

在工业机器人中，减速器是连接机器人动力源和执行机构的中间装置，是保证工业机器人实现到达目标位置的精确度的核心部件。通过合理选用减速器，可精确地将机器人动力源转速降到工业机器人各部位所需要的速度。与通用减速器相比，应用于机器人关节处的减速器应当具有传动链短、体积小、功率大、质量小和易于控制等特点。

目前，应用于工业机器人的减速器产品主要有三类，分别是谐波减速器、RV 减速器和摆线针轮减速器。其中，关节型机器人主要采用谐波减速器和 RV 减速器。在关节型机器人中，由于 RV 减速器具有更高的刚度和回转精度，一般将 RV 减速器放置在机座、大臂、肩部等重负载的位置，而将谐波减速器放置在小臂、腕部或手部等轻负载的位置。

1. 谐波减速器

谐波减速器是利用行星齿轮传动原理发展起来的一种新型减速器，是依靠柔性零件产生弹性机械波来传递动力和运动的一种行星齿轮传动装置。该减速器广泛用于航空、航天、工业机器人、机床微量进给、通信设备、纺织机械、化纤机械、造纸机械、差动机构、印刷机械、食品机械和医疗器械等领域。

1）谐波减速器的特点

谐波减速器具有以下特点：

（1）结构简单，体积小，质量小；

（2）传动比范围大；

（3）同时啮合的齿数多，传动精度高，承载能力大；

（4）运动平稳、无冲击、噪声小；

（5）传动效率高，可实现高增速运动；

（6）可实现差速传动。

2）谐波减速器的结构

谐波减速器由具有内齿的刚轮、具有外齿的柔轮和波发生器组成，如图 2 - 3 - 3 所示。通常，波发生器为主动件，而刚轮和柔轮之一为从动件，

刚轮

柔轮

波发生器

图 2 - 3 - 3　谐波减速器结构图

另一个为固定件。

（1）波发生器：与输入轴连接，对柔轮齿圈的变形起产生和控制作用，由一个椭圆形凸轮和一个薄壁的柔性轴承组成。柔性轴承的外环很薄，容易产生径向变形，未装入凸轮之前环是圆形的，装上之后为椭圆形。

（2）柔轮：有薄壁杯形、薄壁圆筒形或平嵌式等多种。薄壁圆筒形柔轮的开口端部外面有齿圈，它随波发生器的转动而变形，筒底部分与输出轴连接。

（3）刚轮：是一个刚性的内齿轮。双波谐波传动的刚轮通常比柔轮多二齿。谐波齿轮减速器多以刚轮固定，外部与箱体连接。

3）谐波减速器的传动原理

波发生器通常为成椭圆形的凸轮，将凸轮装入薄壁轴承内，再将它们装入柔轮内。此时，柔轮由原来的圆形变成椭圆形，椭圆长轴两端的柔轮与刚轮轮齿完全啮合，形成啮合区；椭圆短轴两端的柔轮齿与刚轮齿完全脱开。在波发生器长轴和短轴之间的柔轮齿，沿柔轮周长的不同区段内，有的逐渐退出刚轮齿间，处在半脱开状态，称为啮出；有的逐渐进入刚轮齿间，处在半啮合状态，称为啮入，如图 2-3-4 所示。

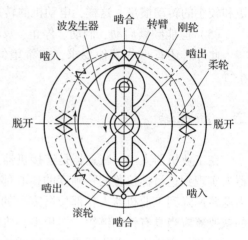

图 2-3-4　谐波减速器的传动原理

2. RV 减速器

RV 减速器的传动装置采用的是一种新型的二级封闭行星轮系，是在摆线针轮传动基础上发展起来的一种新型传动装置，如图 2-3-5 所示。与机器人中常用的谐波减速器相比，RV 减速器具有较高的疲劳强度、刚度和寿命，而且回差精度稳定，许多高精度机器人传动装置采用 RV 减速器。

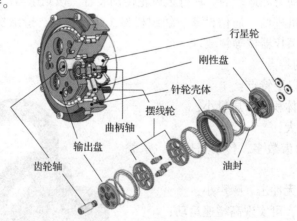

图 2-3-5　RV 减速器结构图

1）RV 减速器的特点

RV 减速器具有以下特点：

（1）传动比范围大，传动效率高；

（2）扭转刚度大，远大于一般摆线针轮减速器的输出机构；

（3）在额定转矩下，弹性回差小；

（4）传递同样转矩与功率时，RV 减速器较其他减速器体积小。

2）RV 减速器的传动原理

RV 减速器由第一级渐开线圆柱齿轮行星减速机构和第二级摆线针轮行星减速机构两部分组成。如图 2 - 3 - 6 所示，渐开线行星轮 2 与曲柄轴 3 连成一体，作为摆线针轮传动部分的输入。如果渐开线中心轮 1 沿顺时针方向旋转，那么渐开线行星齿轮在公转的同时还进行逆时针方向自转，并通过曲柄轴带动摆线轮进行偏心运动，此时摆线轮在其轴线公转的同时，还将在针齿的作用下反向自转，即顺时针转动；同时，通过曲柄轴将摆线轮的转动等速传给输出机构。

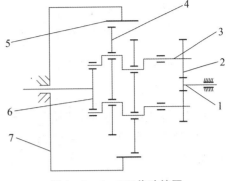

图 2 - 3 - 6　RV 传动简图

1—渐开线中心轮；2—渐开线行星轮；3—曲柄轴；
4—摆线轮；5—针轮；6—输出盘；7—壳体。

3）RV 减速器的传动过程

（1）第一级减速的形成：执行电动机的旋转运动由齿轮轴传递给两个渐开线行星轮，进行第一级减速。

（2）第二级减速的形成：行星轮的旋转通过曲柄轴带动相距 180° 的摆线轮，从而生成摆线轮的公转；同时，由于摆线轮在公转过程中会受到固定于针齿壳上的针齿的作用力而形成与摆线轮公转方向相反的力矩，也造就了摆线轮的自转运动，这样就完成了第二级减速。

（3）运动的输出：通过两个曲柄轴使摆线轮与刚性盘构成平行四边形的等角速度输出机构，将摆线轮的转动等速传递给刚性盘及输出盘。

单元习题

一、填空题

1. 伺服电动机在自动控制系统中作为_____，把输入的_____变换成转轴的角位移或角速度输出。输入的电压信号又称_____或_____，改变控制电压可以改变伺服电动机的_____。

2. 伺服电动机按其使用的电源性质不同，可分为_____和_____两大类。

3. 伺服电动机的种类很多，用途也很广泛，在自动控制系统中，通常要求其具有以下特点：宽广的调速范围，_____，_____，_____，应能频繁启动、制动、停止、反转及连续低速运行。

4. 伺服电动机与步进电动机均由对应的驱动器接受脉冲信号后进行驱动控制，但是二者还是存在很大的区别，其二者_____、_____、低频特性不同、_____、_____、运行性能不同、速度响应性能不同。

5. 目前，应用于工业机器人的减速器产品主要有三类，分别是_____、_____和_____，其中关节机器人主要采用_____和_____。

二、选择题

"在关节型机器人中，由于 RV 减速器具有更高的刚度和回转精度，一般将_____放置在机座、大臂、肩部等重负载的位置，而将_____放置在小臂、腕部或手部等轻负载的位置。"上空中的内容为（　　）。

A. RV 减速器　谐波减速器　　　　　B. 谐波减速器　谐波减速器

C. 谐波减速器　RV 减速器　　　　　D. RV 减速器　RV 减速器

单元小结

工业机器人的主要驱动机构是伺服电动机，了解其工作原理及控制方式对于后续的保护和维修都非常有帮助。工业机器人主要传动机构的 RV 减速器及谐波减速器是两大主流传动机构。

单元拓展

请使用网络或者书籍搜集国内 RV 减速器和谐波减速器的品牌及应用场景。

知识单元四　工业机器人传感器

单元描述

传感器在工业中相当于人体的五官，通过不同方式为大脑（工业机器人控制柜或控制中心）传输信息，供其做出相应的判断，然后采取相应的动作。工业机器人传感器可分为内部传感器和外部传感器。

单元目标

（1）了解工业机器人传感器的种类、性能指标及使用要求。

（2）掌握工业机器人内部传感器和外部传感器的区别及各自的功能、应用。

（3）认识工业机器人常用的传感器。

（4）学会根据工业机器人的使用要求、场合，选用合适的传感器。

（5）会分析常见工业机器人传感器系统。

单元内容

一、工业机器人传感器的种类

传感器是一种以一定精度将被测量转换为与之有确定对应关系、易于精确处理和测量的某种物理量的测量部件或装置。完整的传感器应包括敏感元件、转化元件、基本转化电路 3 个基本部分，如图 2 – 4 – 1 所示。

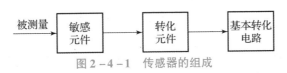

图2-4-1 传感器的组成

敏感元件将某种不便测量的物理量转化为易于测量的物理量，与转化元件一起构成传感器的核心部分。

基本转化电路将敏感元件产生的易于测量的信号进行变换，使传感器的信号输出符合具体工业系统的要求。

工业机器人传感器按用途可分为内部传感器和外部传感器，具体类别、功能和应用如表2-4-1所示。

表2-4-1 工业机器人传感器的类别、功能和应用

分类	类别		功能	应用
工业机器人内部传感器	位移、速度、加速度、力；温度、姿态（倾斜）角、异常		检测机器人自身状态，如自身的运动、位置和姿态等信息	控制机器人按规定的位置、轨迹、速度、加速度和受力状态下工作
工业机器人外部传感器	视觉	单点视觉；线阵视觉；平面视觉；立体视觉	检测外部状况，如作业环境中对象或障碍物状态及机器人与环境的相互作用等信息，使机器人适应外界环境的变化	对象物体定向、定位；目标分类与识别；控制操作；抓取物体；检查产品质量；适应环境变化；修改程序等
	非视觉	接近（距离）视觉		
		听觉、力觉、触觉、滑觉、压觉		

二、工业机器人的常用传感器

1. 工业机器人的内部传感器

1）位移传感器

常见的位移传感器有电阻式位移传感器、电位器式位移传感器电容式位移传感器、电感式位移传感器及编码式位移传感器、霍尔元件位移传感器、光栅式位移传感器等。下面介绍常见的几种。

（1）编码式位移传感器。它是一种数字位移传感器，其测量输出的信号为数字脉冲信号，可以测量直线位移，也可以测量转角。

①绝对式光电编码器。绝对式光电编码器是一种直接编码式的测量元件。它可以直接把被测转角或位移转化成相应的代码，指示的是绝对位置而无绝对误差，在电源切断时不会失去位置信息。图2-4-2为四位二进制编码盘，图中空白部分是透光的，用"0"来表示；涂黑的部

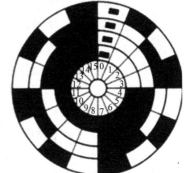

图2-4-2 四位二进制编码盘

分是不透光的，用"1"来表示。通常将组成编码的圈称为码道，每个码道表示一位二进制数。

②增量式光电编码器。增量式光电编码器能够以数字形式测量出转轴相对于某一基准位置的瞬间角位置，还能测出转轴的转速和转向，其结构及输出波形如图 2 - 4 - 3 所示，编码器的编码盘有 3 个同心光栅，分别称为 A 相、B 相和 C 相光栅。

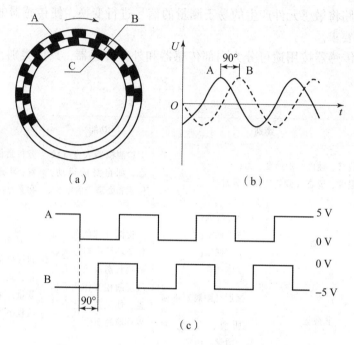

图 2 - 4 - 3　增量式光电编码器结构及输出波形

(a) 编码盘的结构图；(b) A 相、B 相正弦波；(c) A 相、B 相的脉冲数字信号

（2）电位器式位移传感器。它主要由电位器和滑动触点组成，通过触点的滑动改变电位器的阻值来测量信号的大小。这类传感器的特点是结构简单，性能稳定可靠，精度高。其可以在一定程度上较方便地选择输出信号范围，且测量过程中断电或发生故障时，输出信号能得到保持而不会自动丢失。

2）速度传感器

下面是两种常见的速度传感器。

（1）测速发电机。测速发电机是一种模拟式速度传感器。测速发电机实际上是一台小型永磁式直流发电机，其工作原理基于法拉第电磁感应定律，当通过线圈的磁通量恒定时，位于磁场中的线圈旋转使线圈两端产生的电压（感应电动势）与线圈（转子）的转速成正比。

（2）增量式光电编码器。增量式光电编码器作为速度传感器时既可以在模拟方式下使用，又可以在数字方式下使用。

2. 工业机器人的外部传感器

用于检测机器人作业对象及作业环境状态的传感器称为外部传感器。目前，工业中常见的外部传感器主要有力觉传感器、接近传感器、触觉传感器等。

1）力觉传感器

力觉是指对机器人的指、肢和关节等运动中所受力的感知。力觉传感器主要包括腕力传感器、关节力传感器、指力传感器，是机器人重要的传感器之一。

（1）腕力传感器：测量作用在末端执行器上的各向力和力矩。

（2）关节力传感器：测量驱动器本身的输出力和力矩，用于控制中的力反馈。

（3）指力传感器：测量夹持物体手指的受力情况。

2）接近传感器

接近传感器是机器人用来探测其自身与周围物体之间相对位置或距离的一种传感器，它探测的距离一般在几毫米到十几厘米之间。目前，按照转换原理的不同，接近传感器可分为电涡流式、光纤式、超声波式等。

（1）电涡流式传感器。导体在一个不均匀的磁场中运动或处于一个交变磁场中时，其内部就会产生感应电流。这种感应电流称为电涡流，这一现象称为电涡流现象。利用这一原理可以制作电涡流式传感器，如图2－4－4所示。

由于传感器的电磁场方向与产生的电涡流方向相反，两个磁场相互叠加削弱了传感器的电感和阻

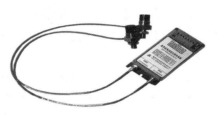

图2－4－4　电涡流式传感器

抗。用电路把传感器电感和阻抗的变化转换成转换电压，即可计算出目标物与传感器之间的距离。该距离正比于转换电压，但存在一定的线性误差。其优点是外形尺寸小，价格低廉，可靠性高，抗干扰能力强，检测精度高；缺点是检测距离短，且只能对固态导体进行检测。

（2）光纤式传感器。用光纤制作的光纤式传感器可以用来检测机器人与目标物间较远的距离。

（3）超声波式传感器。超声波式传感器利用超声波测量距离。传感器由超声波发射器、超声波接收器、定时电路及控制电路组成。待超声波发射器发出脉冲式超声波后关闭，同时打开超声波接收器。该脉冲波到达物体表面后返回超声波接收器，定时电路测出从发射器发射到超声波接收器接收的时间。

3）触觉传感器

触觉传感器可以感知操作手指与对象物之间的作用力，使手指动作适当；也可以识别操作物的大小、形状、质量及硬度等，以躲避危险，防止碰撞障碍物引起事故。

"人工皮肤"实际上就是一种超高密度排列的阵列触觉传感器，主要用于表面形状和表面特性的检测。压电材料是一种有潜力的触觉敏感材料，其原理是利用晶体的压电效应，在晶体上施压时，一定范围内施加的压力与晶体的电阻成比例关系。但是，一般晶体的脆性比较大，作为敏感材料时很难制作。目前，人们已研制出一种聚合物材料，其具有良好的压电性，且柔性好、易制作，有望成为新的触觉敏感材料。其他常用敏感材料有半导体应变计，其原理与应变片一样，即应变变形原理。

3. 多传感器的融合及应用

系统中使用的传感器种类和数量越来越多，每种传感器都有一定的使用条件和感知范

围，并且又能给出环境或对象的部分或整个侧面的信息。为了有效地利用这些传感器信息，需要采用某种形式对传感器信息进行综合、融合处理，不同类型信息多种形式的处理系统就是传感器融合。

单元习题

一、填空题

1. 传感器在工业中相当于人体的五官，通过不同方式为大脑（工业机器人控制柜或控制中心）传输信息，供其做出相应的判断，然后采取相应的动作，对于工业机器人传感器，分为_____和_____。

2. 传感器是一种以一定精度将_____转换为与之有确定对应关系、易于精确处理和测量的某种物理量的测量部件或装置。完整的传感器应包括_____、_____、_____3个基本部分。

3. 工业机器人传感器的性能指标包括_____、_____、_____和_____。

4. 传感器的灵敏度_____，传感器输出的信号精确度_____，线性程度_____。

5. 工业机器人的内部传感器包括_____、_____，工业机器人的外部传感器包括_____、_____和触觉传感器等。

二、选择题

1. 以下属于工业机器人内部传感器的是（　　）。

A. 视觉传感器　　　　　　　　　　B. 力觉传感器

C. 距离传感器　　　　　　　　　　D. 速度传感器

2. 多传感器融合技术是将几个传感器组合在一体，形成能够检测（　　）传感器无法检测的高性能信息的传感器系统。

A. 单个　　　　　　　　　　　　　B. 温度

C. 速度　　　　　　　　　　　　　D. 位移

3. 以下不属于接近传感器用途的是（　　）。

A. 探测物体位置　　　　　　　　　B. 检测物体距离

C. 探索路径　　　　　　　　　　　D. 安全保护

三、判断题

1. 光电式传感器属于触觉传感器。　　　　　　　　　　　　　　　　（　　）

2. 与超声波式传感器相比，红外测距的准确度更高。　　　　　　　　（　　）

3. 电感式位移传感器只能检测与铁磁性物体间的距离。　　　　　　　（　　）

单元小结

工业机器人的传感器分为内部传感器和外部传感器，需要了解两种传感器各自所包含的典型类别，同时需要了解传感器的主要技术参数。

任务　绘制工业机器人机械结构及电气控制框图

任务描述

机械结构和电气控制系统是工业机器人两大主要组成部分。通过前面内容的学习学生可以初步掌握它们的基本定义、组成部分及原理。本任务通过框图的方式梳理机械结构和电气控制系统的主要内容，并且对比核心传动装置－减速器的区别。

任务目标

（1）理解工业机器人机械结构及电气控制的整体架构。

（2）掌握工业机器人的主要技术参数。

（3）掌握工业机器人系统的组成部分。

（4）掌握工业机器人 RV 减速器和谐波减速器的区别。

任务实施

一、工业机器人机械结构和电气控制框图

请学生根据已经学习的工业机器人机械结构和电气控制的知识，借助网络资源完成图 2－5－1 的空白部分，并进行知识梳理和分享。

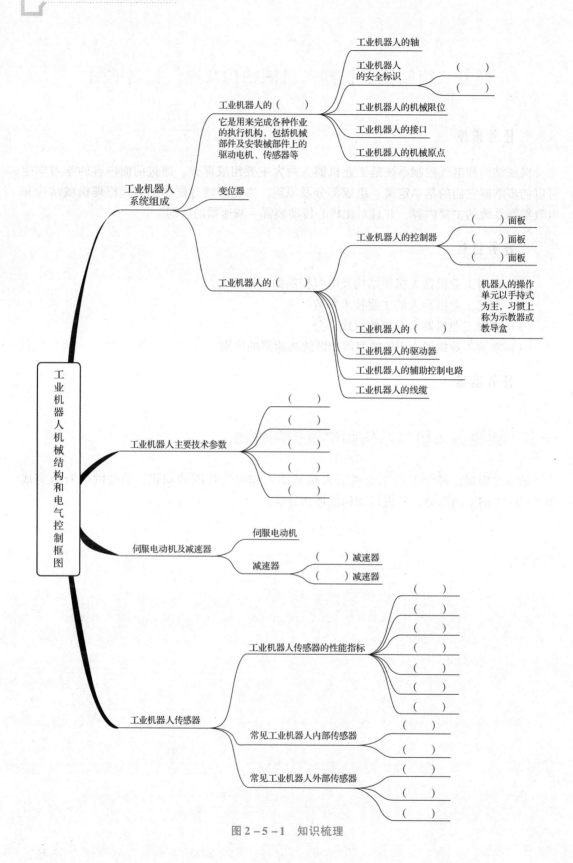

图 2-5-1　知识梳理

二、工业机器人主要技术参数

请学生搜集国内外主要品牌工业机器人的型号，并从主要技术参数角度描述其型号所代表的含义，填写表2-5-1。

表2-5-1 工业机器人的型号、主要技术参数

工业机器人品牌	工业机器人型号	型号含义	主要技术参数

任务评价

完成本任务后，利用表2-5-2进行评价。

表2-5-2 任务评价表

	专业知识评价（60分）			过程评价（30分）	素养评价（10分）
任务评价	工业机器人机械结构及电气控制的整体架构（20分）	工业机器人主要技术参数（20分）	工业机器人的RV减速器和谐波减速器的区别（20分）	穿戴工装、整洁（6分）； 具有安全意识、责任意识、服从意识（6分）； 与教师、其他成员之间有礼貌地交流、互动（9分）； 能积极主动参与、实施检测任务（9分）	能做到安全生产、文明操作、保护环境、爱护公共设施设备（5分）； 工作态度端正，无无故缺勤、迟到、早退现象（5分）

学习评价	自我评价（5分）	学生互评（5分）	教师评价（10分）	自我评价（5分）	学生互评（5分）	教师评价（10分）	自我评价（5分）	学生互评（5分）	教师评价（10分）	自我评价（10分）	学生互评（10分）	教师评价（10分）	自我评价（3分）	学生互评（3分）	教师评价（4分）
评价得分															

得分汇总	
学生小结	
教师点评	

模块三

工业机器人编程基础

思维导图

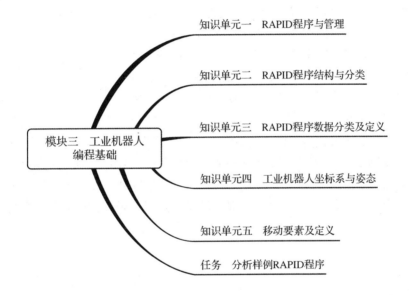

知识单元一　RAPID程序与管理

知识单元二　RAPID程序结构与分类

模块三　工业机器人编程基础

知识单元三　RAPID程序数据分类及定义

知识单元四　工业机器人坐标系与姿态

知识单元五　移动要素及定义

任务　分析样例RAPID程序

知识单元一　RAPID 程序与管理

单元描述

RAPID 程序是 ABB 工业机器人的专有程序，其结构复杂、功能完备，有强大的指令集和工艺功能包的支持。RAPID 程序与编程及 RAPID 模块格式是学习编程的入门内容。

单元目标

（1）了解 RAPID 程序与编程。

（2）掌握 RAPID 模块格式。

一、RAPID 程序与编程

1. 程序与指令

工业机器人的工作环境多数为已知，因此，目前机器人以第一代示教再现机器人居多。示教再现机器人一般不具备分析、推理能力和智能性，机器人的全部行为需要由人对其进行控制。为了使工业机器人能自动执行作业任务，操作者就必须将全部作业要求编制成控制系统能够识别的命令，并输入控制系统；控制系统通过连续执行命令，使机器人完成所需要的动作。这些命令的集合就是机器人的作业程序（简称程序），编写程序的过程称为编程。

命令又称指令，它是程序最重要的组成部分。作为一般概念，工业自动化设备的程序指令都由图 3 - 1 - 1 所示的指令码和操作数组成。

程序指令中的指令码又称操作码，它用来规定控制系统需要执行的操作；操作数又称操作对象，它用来定义执行这一操作的对象。简单地说，指令码通知控制系统需要做什么，操作数通知控制系统由谁去做。

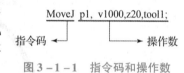

图 3 - 1 - 1　指令码和操作数

指令码、操作数的格式需要由控制系统生产厂家规定，在不同的控制系统中有所不同。例如，对于机器人的关节插补、直线插补、圆弧插补，ABB 机器人的指令码为 MoveJ、MoveL、MoveC，安川机器人的指令码为 MOVJ、MOVL、MOVC 等。操作数的种类繁多，它既可以是具体的数值、文本（字符串），又可以是表达式、函数，还可以是规定格式的程序数据或程序文件等。

2. 编程方法

第一代机器人的程序编制方法一般有示教编程（在线编程）和离线编程两种。

1）示教编程

示教编程是通过作业现场的人机对话操作，完成程序编制的一种方法。示教就是操作者对机器人所进行的作业引导，它需要由操作者按实际作业要求，通过人机对话操作，一步一步地告知机器人需要完成的动作；这些动作可由控制系统以命令的形式记录与保存；示教操作完成后，程序也就被生成。如果控制系统自动运行示教操作所生成的程序，机器人便可重复全部示教动作，这一过程称为再现。

示教编程的不足是程序编制需要通过机器人的实际操作来完成，即编程需要在作业现场进行，时间较长，特别是对于高精度、复杂轨迹运动，很难利用操作者的操作示教。因此，对于作业要求变更频繁、运动轨迹复杂的机器人，一般使用离线编程。

2）离线编程

离线编程是通过编程软件直接编制程序的一种方法。离线编程不仅可编制程序，还可进行运动轨迹的离线计算，并模拟机器人现场，对程序进行仿真运行，验证程序的正确性。

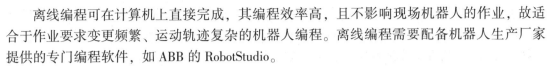

离线编程可在计算机上直接完成，其编程效率高，且不影响现场机器人的作业，故适合于作业要求变更频繁、运动轨迹复杂的机器人编程。离线编程需要配备机器人生产厂家提供的专门编程软件，如 ABB 的 RobotStudio。

离线编程一般包括几何建模、空间布局、运动规划、动画仿真等步骤，所生成的程序需要经过编译，下载到机器人，并通过试运行确认。其涉及编程软件安装、操作和使用等问题，不同的软件差异较大。

3. 程序结构

程序结构就是程序的编写方法、格式及组织、管理方式，工业机器人程序通常有线性和模块式两种基本结构。

1）线性结构

线性结构程序一般由程序名称、指令和程序结束标记组成，程序的所有内容都集中在一个程序块中，程序设计时只需要按照机器人的动作次序，将相应的指令从上至下依次排列，机器人便可按指令次序完成相应的动作。

2）模块式结构

模块式结构的程序由多个程序模块组成，其中的一个模块负责对其他模块的组织与调度，这一模块称为主模块或主程序，其他模块称为子模块或子程序。对于一个控制任务，主模块或主程序一般只能有一个，而子模块或子程序可以有多个。

模块式结构的程序子模块通常有相对独立的功能，用户可根据实际控制的需要，通过主模块来选择所需要的子模块、改变子模块的执行次序；此外，用户还可通过参数化程序设计，使子模块用于不同的控制程序。

模块式结构程序的模块名称、功能，在不同的控制系统上有所不同。例如，有的系统称为主模块、子模块，有的系统则称为主程序、子程序、中断程序等。ABB 工业机器人的程序结构较复杂，利用 RAPID 语言编制的应用程序（简称 RAPID 程序）包括以下多种模块。

（1）任务。任务由程序模块和系统模块组成，包含机器人完成一项特定作业（如点焊、弧焊、搬运等）所需要的全部指令和数据。简单机器人系统的 RAPID 程序通常只有一个任务，但在多机器人复杂系统上，可通过特殊的多任务控制软件，同步执行多个任务。任务中的模块性质、类型等属性，可通过任务特性参数进行定义。

（2）程序模块。程序模块是机器人作业程序的主体，包含机器人作业所需的各种程序，需要由编程人员根据作业要求编制，一个任务的程序模块可能有多个。

在程序模块中，含有登录程序的模块可用于程序的组织、管理和调度，称为主模块；ABB 所谓的登录程序，实际上就是主程序。除主模块外的其他程序模块，通常用来实现某一动作或特定功能，它们可被主程序调用，因此可以称其为子程序。根据功能与用途不同，RAPID 子程序又有普通程序（PROC）、功能程序（FUNC）、中断程序（TRAP）之分，三类程序的结构和用途有所不同。

RAPID 程序模块由程序和程序数据两部分组成：程序是用来指定机器人动作的指令集合；程序数据则用来定义指令操作数的数值，如机器人的移动目标位置、工具坐标系、工件坐标系、作业参数等。

（3）系统模块。系统模块用来定义工业机器人的功能和系统参数。对于同一机器人生产厂家而言，机器人控制器实际上是一种通用装置，它可用于不同用途、规格、功能机器人的控制，因此，当它用于特定机器人控制时，需要通过系统模块来定义机器人的硬件、软件、功能、规格等个性化参数。系统模块需要由机器人生产厂家编制，通常与用户编程无关。

RAPID 系统模块由系统程序和系统数据组成，它由机器人生产厂家编制，并可在系统启动时自动加载，即使删除作业程序，系统模块仍将保留。

二、RAPID 模块格式

ABB 机器人 RAPID 程序的结构复杂、内容众多，往往会给初学者的阅读和理解带来难度。为了便于完整地了解 RAPID 程序结构，此处将对 RAPID 程序模块的基本组成和结构做简要说明。

1. 标题

标题是应用程序的简要说明文本，它可根据实际需要添加，不做强制性要求。标题编写在 RAPID 程序文件的起始位置，以字符"％％％"作为开始、结束标记。ABB 机器人程序文件的标题通常为程序版本（version）、显示语言（language）等说明。标题之后为组成应用程序的各种模块和程序。

2. 注释

注释是为了方便程序阅读所附加的说明文本，注释以符号"!"作为起始标记，以换行符结束。在 ABB 机器人中，有时以注释行"! ＊＊＊＊＊＊"来分隔程序模块。

3. 指令

指令是系统的控制命令，它用来定义系统需要执行的操作，如用来定义系统的作业工具数据、机器人的移动速度数据等。

4. 标识

标识就是构成程序的元素名称，它是程序元素的识别标记，如作业工具的标识（工具数据 tooldata）、机器人特定移动速度的标识（速度数据 speeddata）等。

在 RAPID 程序中，不同的模块、程序、程序数据、参数等都需要通过标识区分。因此，在同一控制系统中，不同的程序元素原则上不可使用同样的标识，也不能仅仅通过字母的大小写来区分不同的程序元素。

RAPID 程序的标识需要用 ISO 8859 − 1 标准字符编写，最多不能超过 32 个字符；标识的首字符必须为英文字母，后续的字符可为字母、数字或下划线"_"；但不能使用空格及已被系统定义为指令、函数、属性等名称的系统专用标识（称为保留字）。

此外，还有许多系统专用的名称，如指令名（Accset、Movej、Confj 等）、函数命令名（Abs、Sin、Offs 等）、数据类型名（num、bool、inout 等）、程序数据类别名（robtarget、tooldata、speeddata、pos 等）、系统预定义的程序数据名（v100、z20、vmax、finc 等）等，均不能作为其他程序元素的标识。

如果需要，可以通过程序中的 RAPID 函数命令，对程序模块的名称、编辑时间等信息进行检查和确认。

三、主模块与主程序

1. 主模块

主模块是包含作业主程序及主要子程序的模块，它需要紧接在标题后。

主模块以 MODULE、ENDMODULE 作为起始、结束标记，起始行为模块声明，模块标识 MODULE 后必须定义模块名称；名称后的括号内可附加模块的属性（可选，如 SYSMODULE 等）。主模块的名称可在示教器上输入与显示，但属性只能通过离线编程软件添加，不能在示教器上显示。

主模块起始行后一般为主模块注释，注释以文本的形式添加，数量不限；注释文本之后依次为程序数据定义指令、主程序、子程序模块；最后是主模块结束标记 ENDMODULE。

主模块的程序数据定义指令通常包括工具坐标系（tooldata）、工件坐标系（wobjdata）、作业参数（welddata）及机器人 TCP 移动目标位置（robtarget）、特殊移动速度（speeddata）等。程序数据可通过后述的 RAPID 数据声明指令定义为变量（VAR）、常量（CONST）、永久数据（PERS）等。

2. 主程序

主程序是用来组织、调用子程序的管理程序，每一主模块都需要有一个主程序。主程序以 PROC、ENDPROC 作为起始、结束标记，其基本结构如下。

主程序起始行为程序声明，它用来定义程序使用范围、结构类型、名称及程序参数等。主程序通常采用全局普通程序结构（PROC），PROC 后为程序名称（如 mainprg 等）；如需要，名称后的括号内还可附加参数化编程用的程序参数表；无程序参数时，名称后需要保留括号。

主程序的程序声明后一般为程序注释；随后为子程序的调用、管理指令；最后为主程序结束标记 ENDPROC。主程序调用子程序的方式与子程序的类别有关，可分为中断程序调用、功能程序调用和普通程序调用三类。

中断程序（trap routines，TRAP）需要通过 RAPID 程序中的中断功能调用。中断功能一旦使能（启用），只要中断条件满足，系统可立即终止现行程序、直接跳转到中断程序，而无须编制程序调用指令。

功能程序（functions，FUNC）实际上是用来实现复杂运算或特殊动作的子程序，它可向主程序返回运算或执行结果，因此，可直接用程序数据调用，同样无须编制专门的程序调用指令。

普通程序（procedures，PROC）是程序模块的主体，它既可用于机器人作业控制，又可用于系统其他处理，需要通过 RAPID 程序执行管理指令调用。程序执行管理指令有一次性执行和循环执行两大类，并可利用无条件执行、条件执行、重复执行等指令来选择子程序的调用方式。

错误处理程序（ERROR）是用来处理程序执行错误的特殊程序块，当程序出现错误时，系统可立即中断现行指令，跳转至错误处理程序块，并执行相应的错误处理指令；处理完成后，可返回断点，继续后续指令。任何类型的程序（TRAP、FUNC、PROC）都可编制一个错误处理程序块；如用户程序中没有编制错误处理程序块 ERROR，将自动调用系统的错误中断程序，由系统软件进行错误处理。

3. 普通子程序执行管理

普通子程序的执行方式分一次性执行和循环执行两类，其编程方法如下。

1）一次性执行子程序

一次性执行子程序在启动主程序后，只能调用和执行一次，这些程序的调用指令应紧接在主程序注释后编写，并以无条件执行指令调用。

子程序的无条件调用可省略调用指令 ProcCall，而只需要在程序行编写子程序名称，当系统执行至该程序行时，便可跳转至指定的子程序继续执行。

一次性执行子程序通常用于机器人作业起点、控制信号初始状态、程序数据初始值的定义及中断的设定，因此，在 ABB 机器人上常称为初始化子程序，并命名为 Init、Initialize、Initall 或 rInit、rInitialize、rInitAll 等。

2）循环执行子程序

循环执行子程序通常是机器人的作业控制程序，它们可在主程序启动后无限重复地执行。循环执行子程序一般使用 WHILE – DO 指令编程。

系统执行 WHILE 指令时，如循环条件满足，则可执行 WHILE 至 ENDWHILE 的循环指令；循环指令执行完成后，系统将再次检查循环条件，如满足，则继续执行循环指令，如此循环。如 WHILE 指令的循环条件不满足，系统可跳过 WHILE 至 ENDWHILE 的循环指令，执行 ENDWHILE 后的其他指令。

因此，如果子程序调用指令 ProcCall（或子程序名称）编制在 WHILE 至 ENDWHILE 的循环指令中，便可实现子程序的循环调用。如果需要，也可通过后述重复执行、条件执行指令，选择子程序调用方式。

四、普通程序的调用

RAPID 普通程序只需要在程序行编写程序名称，便可实现程序的调用功能，因此，可直接通过无条件执行、重复执行指令来实现子程序的无条件调用、重复调用功能。

无条件调用、重复调用普通子程序的编程方法如下。

1. 无条件调用

无条件调用普通子程序，可省略调用指令 ProcCall，直接在程序行编写子程序名称，当系统执行至该程序行时，便可跳转至指定的子程序继续执行。

2. 重复调用

重复调用普通子程序，可通过重复执行指令 FOR 来实现，子程序调用指令（子程序名称）可编写在程序行 FOR 至 ENDFOR 间。

单元习题

一、填空题

1. 为了使工业机器人能自动执行作业任务，操作者就必须将全部作业要求编制成控制系统能够识别的命令，并输入控制系统；控制系统通过连续执行命令，使机器人完成所需要的动作。这些命令的集合就是机器人的_____，编写程序的过程称为_____。

2. 命令又称指令，它是程序最重要的组成部分。作为一般概念，工业自动化设备的程序指令由＿＿＿＿＿＿和＿＿＿＿＿＿组成。

3. 第一代机器人的程序编制方法一般有＿＿＿＿＿＿（＿＿＿＿＿＿）和＿＿＿＿＿＿两种。

4. 程序结构就是程序的编写方法、格式及组织、管理方式，工业机器人程序通常有＿＿＿＿＿＿和＿＿＿＿＿＿两种基本结构。

5. 模块式结构的程序由多个程序模块组成，其中的一个模块负责对其他模块的组织与调度，这一模块称为＿＿＿＿＿＿或＿＿＿＿＿＿，其他模块称为＿＿＿＿＿＿或＿＿＿＿＿＿。对于一个控制任务，＿＿＿＿＿＿一般只能有一个，而子模块或子程序可以有多个。

6. 普通子程序的执行方式分＿＿＿＿＿＿和＿＿＿＿＿＿两类。

二、简答题

示教编程与离线编程有什么区别？

单元小结

RAPID 程序与编程和 RAPID 模块格式两个基础部分是学习后续编程的重要内容，尤其是内部所包含的内容决定了程序的适用范围、功能。

单元拓展

尝试分析书中的样例程序，找出 RAPID 模块中的各个部分。

知识单元二　RAPID 程序结构与分类

单元描述

程序说明和程序参数定义对于程序的使用是非常重要的基础，基于该基础程序的分类与结构有影响着后续的变成学习与训练，有必要理清 RAPID 程序的结构与分类。

单元目标

（1）了解 RAPID 程序声明与程序参数。
（2）掌握 RAPID 程序分类与程序结构。

单元内容

一、RAPID 程序声明与程序参数

1. 程序声明

RAPID 程序的结构较复杂，它需要由各类模块和程序组成；程序又分主程序、子程序，

全局程序、局域程序，普通程序、功能程序、中断程序等多种。

为了能对程序的使用范围、结构类型、名称、程序参数进行统一的规定，程序的起始行需要利用图 3-2-1 的形式的程序声明，对其属性进行相关定义。

图 3-2-1 程序声明

1）使用范围

使用范围用来规定可以使用该程序的模块，它可定义为全局程序（GLOBAL）或局域程序（LOCAL）。

全局程序可被任务中的所有模块使用，GLOBAL 是系统默认的设定，无须另加声明，如主程序"PROC mainprg( )"、子程序"PROC Initall"等均为全局程序。

局域程序只能由本模块使用，局域程序需要加"LOCAL"声明，如"LOCAL PROC local prg ( )"等。局域程序的优先级高于全局程序，因此，如任务中存在名称相同的全局程序和局域程序，执行局域程序所在模块时，系统将优先执行局域程序，与之同名的全局程序及其程序数据等均无效。

除起始位置的"LOCAL"声明外，局域程序的类型、结构和格式要求等和全局程序并无区别，为此，本书后述的内容中均以全局程序为例进行说明。

2）程序类型

程序类型是对程序作用和功能的规定，它可选择普通程序、功能程序和中断程序三类；三类程序的结构形式、调用要求各不相同。

3）程序名称

程序名称是程序的识别标记，程序名称用标识表示，在同一系统中，程序名称原则上不应重复定义。

4）程序参数

程序参数是用于参数化编程的变量，它需要在程序名称后附加的括号内定义。普通程序通常不使用参数化编程功能，因此一般不使用参数，但需要保留名称后的括号；中断程序在任何情况下均可能被调用，故不能使用程序参数，名称后也无括号；功能程序采用的是参数化编程，故必须定义程序参数。

2. 程序参数定义

RAPID 程序参数简称参数，它是用于程序数据初始化赋值、返回程序执行结果的变量，在参数化编程的功能程序中必须予以定义。

程序参数需要在程序名称后的括号内定义，并允许有多个；不同参数间用逗号分隔。程序参数的定义格式如图 3-2-2 所示。

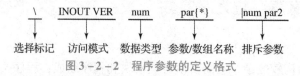

图 3-2-2 程序参数的定义格式

1）选择标记

前缀"\"的参数为可选参数，无前缀的参数为必须参数。可选参数通常用于以函数命令 Present（当前值）作为判断条件的 IF 指令，满足 Present 条件时，参数有效，否则，忽略该参数。

2）访问模式

访问模式用来指定参数值的设定与转换方法，可根据需要选择如下几种。

（1）IN（默认）：输入参数。输入参数需要在调用程序时设定初始值；在程序中，输入它可作为具有初始值的程序变量使用。IN 是系统默认的访问模式，定义时加"IN"标注。

（2）INOUT：输出参数。输出参数不仅在调用程序时可设定初始值，还可将程序的执行结果保存到参数上。

（3）VAR、INOUT VAR：访问模式 VAR 是在程序中作为程序变量 VAR 使用，并需要输入数值的参数；访问模式 INOUT VAR 是在程序中作为程序变量 VAR 使用，需要输入初始值且能返回执行结果的参数。

（4）PERS、INOUT PERS：访问模式 PERS 是在程序中作为永久数据 PERS 使用，并需要输入数值的参数；访问模式 INOUT PERS 是在程序中作为永久数据 PERS 使用，需要输入初始值且能返回执行结果的参数。

（5）REF：交叉引用参数。访问模式 REF 仅用于系统预定义程序，在用户程序设计时不能使用该访问模式。

3）数据类型

数据类型用来规定参数的数据格式，如数值型数据、逻辑状态型数据或复合型 TCP 位置、移动速度等。

4）参数/数组名称

参数名称是程序参数的识别标记，参数名称用标识表示。在同一系统中，参数名称原则上不应重复定义。参数也可为由多个数据组成的数组，此时需要在参数名称后加"｛*｝"标记。

5）排斥参数

排斥参数属于可选参数，它通常用于以函数命令 Present（当前值）作为 ON、OFF 判断条件的 IF 指令；用"丨"分隔的参数互相排斥，即只能选择其中之一。

二、RAPID 程序分类与程序结构

RAPID 程序分普通程序、功能程序和中断程序 3 类。程序不但功能与用途不同，而且程序的结构与编程格式也有所区别，具体说明如下。

1. 普通程序

RAPID 主程序及大多数子程序均为普通程序，它可以被其他模块或程序调用，但不能向调用该程序的模块、程序返回执行结果，故又称无返回值程序。

普通程序的起始行为程序声明，全局程序直接以程序类型 PROC 起始，后续程序名称、参数定义表，不使用参数表时保留括号。程序声明后可编写各种指令，指令 ENDPROC 代

表程序结束。普通程序被其他模块或程序调用时，可通过结束指令 ENDPROC 或指令 RE-TUN 返回原程序。

2. 功能程序

功能程序又称有返回值程序，这是一种具有运算、比较等功能，能向调用该程序的模块、程序返回执行结果的参数化编程模块；调用功能程序时，不仅需要指定程序名称，还必须有程序参数。

功能程序的作用实际上与 RAPID 函数命令类似，它可作为函数命令的补充，实现用户所需要的特殊运算和处理功能。全局功能程序直接以程序类型 FUNC 起始，用 ENDFUNC 结束。

功能程序的起始行同样为程序声明，全局程序直接以程序类型 FUNC 起始，后续返回结果的数据类型和程序名称，名称后必须附加参数表。程序声明指令后可编写各种指令，其中必须包含返回执行结果的指令 RETUN；最后用 ENDFUNC 指令结束。功能程序可用来计算除数组外的其他所有程序数据。

3. 中断程序

中断程序通常是用来处理异常情况的特殊程序，它可直接用中断条件调用，一旦中断条件满足或中断信号输入，系统将立即终止现行程序的执行，无条件调用中断程序。

中断程序的起始行同样为程序声明，但不能定义参数，因此，程序声明只需要在 TRAP 后定义程序名称，ENDTRAP 代表中断程序结束。

系统的中断功能一旦生效，中断程序就可随时中断条件直接调用。

单元习题

一、填空题

1. RAPID 程序的结构较复杂，它需要由各类_____和_____组成。

2. 程序声明中的使用范围用来规定可以使用该程序的模块，它可定义为_____或_____。

3. 程序类型是对程序作用和功能的规定，它可选择_____、_____和_____三类。

4. RAPID 主程序及大多数子程序均为_____，它可以被其他模块或程序调用，但不能向调用该程序的模块、程序返回执行结果，故又称_____。全局普通程序直接以程序类型_____起始，用_____结束。

单元小结

了解程序声明与程序参数是编制程序、调试程序的第一步，掌握程序分类以及程序结构，对于所有程序的编制、调试以及编程能力的拓展有非常大的作用。

单元拓展

尝试分析书中的样例，分析 RAPID 程序的结构与分类。

知识单元三 RAPID 程序数据分类及定义

单元描述

RAPID 程序数据可用来定义多个操作数，结构各不相同，如移动速度、定位区间等。下面主要介绍 RAPID 程序数据的分类及定义。

单元目标

（1）了解 RAPID 程序数据分类。
（1）掌握 RAPID 程序数据定义的格式。

单元内容

一、RAPID 程序数据分类

RAPID 程序数据简称数据，是 RAPID 指令的操作数和 RAPID 程序的基本组成部分，正确使用数据是 ABB 机器人编程的基础。

根据数据的组成与结构不同，RAPID 程序数据总体分为基本型、复合型和等同型三大类。这三类数据的组成和特点如下。

1. 基本型数据

基本型数据有时在 ABB 机器人说明书中译为"原子型"数据，它只能由数字、字符等基本元素构成，数据不能做进一步分解。

RAPID 程序常用的基本型数据有数值型（num）、双精度数值型（drum）、字节型（byte）、逻辑状态型（bool）、字符串型（string、stringdig）几种。

1）数值型、双精度数值型

数值型、双精度数值型数据是用具体数值表示的数据，数据格式按 ANSI/IEEE 754 二进制浮点数算术标准（IEEE standard for floating – point arithmetic）定义，该标准与 ISO/IEC/IEEE 60559 等同。

数值型数据采用 32 位单精度格式，即数据位为 23 位、指数位为 8 位、符号位为 1 位。

数值型数据的用途众多，它既可表示具体的数值，又可通过数值来代表系统的工作状态。因此，在 RAPID 程序中又将其分为多种类型。例如，专门用来表示开关量输入/输出信号逻辑状态的数值型数据称为 dionum 型数据，其值只能为"0"或"1"；专门用来表示系统错误性质的数值型数据称为 errtype 型数据，其数值范围只能为正整数 0～3 等。

为了避免歧义，在 RAPID 程序中，这种用来代表系统工作状态的数据通常使用由字符组成的状态来表示其数值。例如，对于 dionum 型逻辑状态数据，数值"0"的状态名为"FALSE"，数值"1"的状态名为"TRUE"。

2）字节型、逻辑状态型

字节型数据是 8 位二进制正整数，数值范围为 0～255，主要用于多位逻辑运算及开关量输入/输出的成组处理。逻辑状态型数据用来表示二进制逻辑状态，其值用状态名"TRUE"（真）、"FALSE"（假）表示；bool 型数据可用 TRUE、FALSE 赋值，也可进行比较、判断及逻辑运算，或直接作为 IF 指令的判别条件。

3）字符串型

字符串型（string）数据又称文本（text），它是由英文字母、数字及符号构成的特殊数据。在 RAPID 程序中，string 数据最大允许为 80 个 ASCII 字符，数据前后需要加双引号（""）标记。

2. 复合型数据

复合型数据有时在 ABB 机器人说明书中译为"记录型"数据，其数量众多，机器人位置、速度、工具等数据均为复合型数据。

复合型数据由多个数据复合而成，用来复合的数据既可以是基本型数据，又可以是其他复合型数据。例如，用来表示机器人 TCP 位置的程序数据 robtarget，由 4 个复合型数据 [trans，rot，robconf，extax] 复合而成。

3. 等同型数据

等同型数据实际上相当于通过 ALIAS 指令为系统预定义的数据类型重新定义一个其他名称（别名），以便于数据分类和检索。别名可直接替代数据类型名使用。

二、RAPID 程序数据定义

1. 数据声明指令

RAPID 程序数据可用来一次性定义多个操作数，其种类繁多，结构各不相同。控制系统出厂时，生产厂家已预定义了部分程序数据，如移动速度、定位区间等，这些数据可在程序中自由使用；用户编程时所需要的程序数据，则需要通过数据声明指令定义、赋值。

RAPID 数据声明指令的编程格式如图 3-3-1 所示。

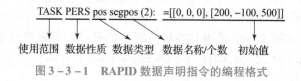

图 3-3-1 RAPID 数据声明指令的编程格式

1）使用范围

使用范围用来限定数据的使用对象，规定程序数据用于哪些任务、模块和程序，它可根据需要定义为全局数据、任务数据和局部数据。定义任务数据、局部数据的数据声明指令只用于模块编程，不能在程序中使用。

全局数据是可供所有任务、模块和程序使用的程序数据，它在系统中具有唯一的名称和唯一的值。全局数据由系统默认设定，无须在指令中声明。任务数据仅对该任务所属的模块和程序有效，不能被其他任务中的模块和程序共享。局部数据只能提供给本模块及所属的程序使用，不能被任务的其他模块共享；局部数据是系统优先使用的程序数据，如系

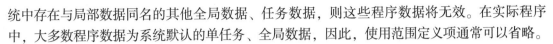

统中存在与局部数据同名的其他全局数据、任务数据，则这些程序数据将无效。在实际程序中，大多数程序数据为系统默认的单任务、全局数据，因此，使用范围定义项通常可以省略。

2）数据性质

数据性质用来规定程序数据的使用方法及数据的保存、赋值、更新要求。RAPID 程序数据有常量 CONST（constant）、永久数据 PERS（persistent）、程序变量 VAR（variable）和程序参数（parameter）四类；常量 CONST、永久数据 PERS、程序变量 VAR，需要通过数据声明指令定义。

声明为常量 CONST、永久数据 PERS 的程序数据，将被保存到系统的 SRAM 中，其数值可一直保持到下次赋值；声明为程序变量 VAR 的程序数据，以及在程序声明中定义的程序参数，将被保存到系统的 DRAM 中，数值仅在程序执行时有效，程序执行完成或系统复位时将被清除。

3）数据类型

数据类型用来规定程序数据的格式与用途，如数值型数据 num、逻辑状态型数据 bool 或 XYZ 型 TCP 位置 pos 等。

4）数据名称/个数、初始值

数据名称是程序数据的识别标记；数据个数仅用于数组，它用来指定数组所包含的程序数据数量；初始值用来设定指令执行后的数据值。

2. 常量及定义

常量 CONST 在系统中具有恒定的值，任何类型的程序数据均可定义成常量。常量的值必须由程序中的数据声明指令直接定义，且在程序中不会改变。常量值可通过赋值指令、表达式等方式定义，也可用数组一次性定义多个常量。

永久数据 PERS 的数据声明指令只能在模块中编程；主程序、子程序中可使用永久数据、改变永久数据值，但不能用声明指令来定义永久数据。永久数据值可通过程序中的赋值指令、函数命令或表达式更新或修改；数值在程序执行完成后仍保存在系统中，并供其他程序或下次开机时使用。

当永久数据的使用范围被定义为任务数据、局部数据时，必须在数据声明指令中定义数据初始值；初始值可用赋值、表达式形式设定，也可用数组的形式一次性定义多个初始值。当使用范围被规定为全局数据时，如数据声明指令未定义初始值，系统将自动设定 num、drum 型数据的初始值为 0，bool 型数据的初始值为 FALSE，string 型数据的初始值为空白。

3. 程序变量及定义

程序变量 VAR 简称变量，是可供模块、程序自由使用的程序数据。变量值可通过程序中的赋值指令、函数命令或表达式任意设定或修改；在程序执行完成后，变量值将被自动清除。

单元习题

填空题

1. 根据数据的组成与结构不同，RAPID 程序数据总体分为_____、_____和

_____三大类。

2. 程序变量 VAR 简称_____，是可供_____、_____自由使用的程序数据。变量值可通过程序中的_____、_____或_____任意设定或修改；在程序执行完成后，变量值将被_____。

单元小结

工业机器人应用编程数据类型的分类与高级编程语言的数据类型分类比较类似，但是也有其固定特点。尤其需要掌握常用的数据类型，如数值型、字符型、字节型等。

单元拓展

阅读书中样例程序，找出样例程序中的数据类型并举例说明其应用。

知识单元四　工业机器人坐标系与姿态

单元描述

工业机器人坐标系用于确定机器人的位置和姿态。对于工业机器人学习而言，工具坐标系与工件坐标系是后续编程的基础，必须进行相应的工具坐标系、工件坐标系的建立与验证。

单元目标

（1）掌握工业机器人坐标系的定义。
（2）掌握工业机器人坐标系的分类。
（3）掌握工业机器人坐标系与姿态。

单元内容

一、工业机器人坐标系

工业机器人坐标系是机器人操作和编程的基础。无论是操作机器人运动，还是对机器人进行编程，都需要首先选定合适的坐标系。

1. 工业机器人坐标系定义

工业机器人坐标系是为了确定机器人的位置和姿态而在机器人或空间上设定的位置指标系统。通过不同坐标系可指定工具（工具中心点）的位置，以便编程和调整程序。例如，确定机械臂基于坐标系的位置是使用机械臂前必须要做的事项。若未确定坐标系，则可通过基坐标系确定机械臂的位置。

2. 工业机器人坐标系分类

工业机器人坐标系可分为基坐标系、工具坐标系、工件坐标系、关节坐标系、世界坐标系。目前，大部分商用工业机器人系统中可使用工具坐标系和工件坐标系，而工具坐标系和工件坐标系同属于直角坐标系范畴，如图 3-4-1 所示。

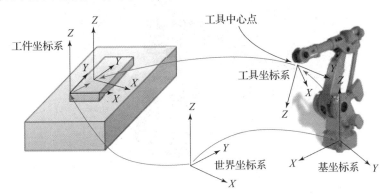

图 3-4-1 工业机器人坐标系分类

1）基坐标系

基坐标系又称基础笛卡儿坐标系，位于机器人基座，任何机器人都离不开基坐标系。基坐标系也是机器人工具中心点（Tool Center Point，TCP）在三维空间运动时所必需的基本坐标系，如图 3-4-2 所示。在正常配置的机器人系统中，操作人员可通过控制杆进行该坐标系的移动。基坐标系原点一般为基座中心点，实际应用中可以通过基坐标系 X 轴、Y 轴、Z 轴上的位移和旋转角来确定机器人末端法兰或抓手的位置和姿态。

基坐标系遵循右手法则，如图 3-4-3 所示，它是其他坐标系的基础。手拿示教器站在工业机器人正前方，面向工业机器人，举起右手于视线正前方摆手势。由此可知道：中指所指方向为坐标系 $X+$，拇指所指方向为坐标系 $Y+$，食指所指方向为坐标系 $Z+$。

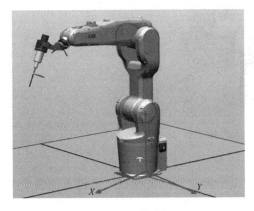

图 3-4-2 基坐标系

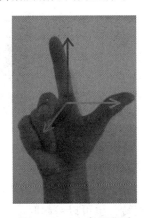

图 3-4-3 右手准则

2）工具坐标系

工具坐标系即安装在机器人末端的坐标系，原点及方向都是随着末端位置与角度不断变化的，该坐标系实际是将基坐标系通过旋转及位移变化而得到的。如图 3-4-4 所示，

63

设定为工具坐标系时，机器人控制点沿设定在工具尖端点的 X 轴、Y 轴、Z 轴做平行移动。工具坐标系的移动，以工具的有效方向为基准，与机器人的位置、姿势无关，所以进行相对于工件不改变工具姿势的平行移动操作时使用工具坐标系最为适宜。

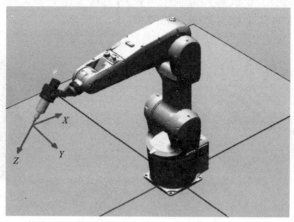

图 3 - 4 - 4　工具坐标系

3）工件坐标系

工件坐标系又称用户坐标系，当机器人配备多个工作台时，选择工件坐标系可使操作变得更为简单。在工件坐标系中，TCP 将沿用户自定义的坐标轴方向运动，如图 3 - 4 - 5 所示。

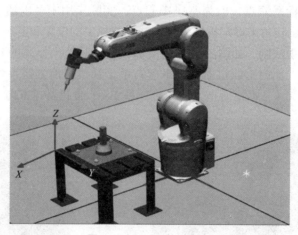

图 3 - 4 - 5　工件坐标系

4）关节坐标系

关节坐标系是以各轴机械零点为原点所建立的纯旋转的坐标系。机器人的各个关节可以独立地旋转，也可以一起联动。

5）世界坐标系

世界坐标系是空间笛卡儿坐标系，基坐标系和工件坐标系的建立都是参照世界坐标系建立的。在没有示教配置的情况下，默认的世界坐标系和基坐标系重合。在世界坐标系下，机器人工具末端可以沿坐标系 X 轴、Y 轴、Z 轴进行移动运动，也可以绕坐标系 X 轴、Y

轴、Z轴进行旋转运动。

提示：不同的机器人坐标系功能等同，即机器人在关节坐标系下完成的动作，同样可在直角坐标系下实现。机器人在关节坐标系下的动作是单轴运动，而在直角坐标系下是多轴联动。除关节坐标系以外，其他坐标系均可实现控制点不变动作（只改变工具姿态而不改变TCP位置），这在进行机器人TCP标定时经常用到。

二、工业机器人姿态及定义

1. 姿态的含义

在多关节机器人上，基坐标系、工具坐标系都是虚拟的三维笛卡儿直角坐标系，因此，通过坐标值 (x, y, z) 确定的工具TCP位置，实际上可通过多种形式的关节旋转、摆动来实现。

当机器人通过三维笛卡儿直角坐标系的 (x, y, z) 值来描述TCP位置时，不仅需要坐标值，还必须定义机器人和工具的姿态。

2. 姿态的定义

在RAPID程序中，机器人和工具的姿态可在TCP位置型程序数据上定义。以三维笛卡儿直角坐标系 (x, y, z) 形式描述的工具TCP位置的程序数据称为TCP位置数据（robtarget）。TCP位置是关节插补、直线插补、圆弧插补等指令的移动目标位置，数据的格式如图3-4-6所示。

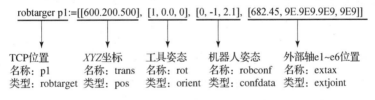

图3-4-6 TCP位置数据的格式

TCP位置数据robtarget属于复合型数据，它由 XYZ 坐标（pos）数据 trans、工具姿态（orient）数据 rot、机器人姿态（confdata）数据 robconf、外部轴位置（exjiont）数据 extax 这4个复合型数据复合而成。其中，工具姿态数据 rot、机器人姿态数据 robconf 分别用来定义工具及机器人本体的姿态，需要按RAPID程序数据 confdata、orient 的要求定义。

TCP位置数据的构成如图3-4-7所示，具体说明如下。

（1）trans：XYZ 坐标数据，用来指定TCP在指定坐标系上的 X、Y、Z 坐标值。

（2）rot：工具姿态数据，用来指定工具的工具姿态，RAPID程序采用的是四元数表示法。

（3）robconf：机器人姿态数据，用来指定机器人本体上各关节轴的状态（机器人姿态）。在RAPID程序中，它可通过腰回转轴 j1、手腕回转轴 j4、手回转轴 j6 所处的区间（象限）及下臂摆动轴 j2、上臂摆动轴 j3、腕摆动轴 j5 的方向等特性参数来表示。

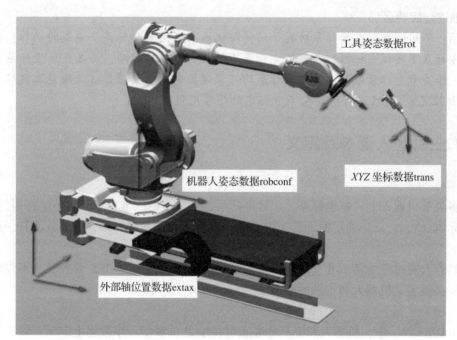

图 3 - 4 - 7　TCP 位置数据的构成

（4）extax：外部轴位置数据，用来指定机器人变位器（基座轴）及工件变位器（工装轴）e1 ~ e6 的位置，9E9 代表该外部轴未安装。

TCP 位置数据在程序中需要以"数据名称"的形式编程，其数值需要通过程序指令定义。

3. 姿态的控制

在 RAPID 程序中，机器人和工具的姿态控制功能可通过指令 ConfJ \ ON、ConfJ \ OFF（关节插补）及 ConfL\ON、ConfL\OFF（直线或圆弧插补）予以生效、撤销；此外，还可以通过奇异点姿态控制指令 SingArea 回避奇异点。

当程序通过 ConfJ\ON、ConfL\ON 指令生效姿态控制功能时，执行随后的关节插补、直线及圆弧插补指令，系统必须控制机器人本体的运动轴，保证到达目标位置时，机器人和工具的姿态与目标位置（TCP 位置）所规定的姿态完全相同；如这样的运动实际上无法实现，程序将在插补指令执行前自动停止。

当程序通过 ConfJ\OFF、ConfL\OFF 指令取消姿态控制功能时，执行随后的关节插补、直线及圆弧插补指令，系统将自动选择最接近目标位置姿态的插补运动；TCP 到达目标位置时，机器人和工具的姿态可能与 TCP 位置数据所规定的姿态有所不同。

单元习题

填空题

1. 机器人的坐标系分为_____、_____、_____、_____、_____。

2. 工业机器人坐标系是确定机器人的_____和_____而在机器人或空间上设置的位置指标系统。通过不同坐标系可指定_____的位置，以便编程和调整程序。

3. 基坐标系又称＿＿＿＿＿、基础笛卡儿坐标系，位于机器人＿＿＿＿＿，任何机器人都离不开基坐标系。

4. 工具坐标系即安装在＿＿＿＿＿的坐标系，原点及方向都是随着末端位置与角度不断变化的，该坐标系实际是将基坐标系通过＿＿＿＿＿而来的。

5. 工件坐标系又称＿＿＿＿＿，在实际应用中可根据需要自定义当前的工件坐标系。

6. TCP 位置数据 robtarget 属于＿＿＿＿＿，它由＿＿＿＿＿、＿＿＿＿＿、＿＿＿＿＿、＿＿＿＿＿这 4 个复合型数据复合而成。

单元小结

工具坐标系与工件坐标系是后续学习工业机器人编程的基础，工业机器人姿态及运动轨迹的编程必须进行相应的工具坐标系、工件坐标系的建立与验证。

单元拓展

工业机器人的坐标系是学习所有工业机器人的基础，尤其对于工件坐标系的应用更为重要。请思考如果同样的工件由于生产工艺的变化，需要进行位置的微调，对其进行焊接或切割加工时，是否需要重新示教所有目标点？

知识单元五　移动要素及定义

单元描述

RAPID 编程过程中需要选择指令代码，并设置目标位置、机器人位置、外部轴位置、运动轨迹、定位允差、移动速度等。下面介绍 RIPID 编程中移动指令与要素及 TCP 位置定义的基本知识。

单元目标

（1）掌握 RAPID 程序的移动指令与移动要素。

（2）掌握 TCP 位置定义。

单元内容

一、移动指令与移动要素

移动指令用来控制机器人和外部轴运动。运动轨迹、目标位置、移动速度、定位允差是机器人移动控制的基本要素。

在 RAPID 程序中，移动指令的基本编程格式如图 3 – 5 – 1 所示。

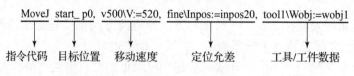

图 3 – 5 – 1 移动指令的基本编程格式

指令代码：用来指定运动方式和运动轨迹，如绝对位置定位 MoveAbsJ、关节插补 MoveJ、直线插补 MoveL、圆弧插补 MoveC 等。

目标位置：用来定义移动终点（目标位置），移动指令的起点是指令执行时机器人、外部轴的当前位置。目标位置可通过已定义位置的程序点（定位点）名称指定，如 p0、start_p0 等；或直接在指令中以其他方式输入位置值，此时，程序点名称以" "代替。RAPID 程序的移动目标位置有关节位置数据（jointtarget）和 TCP 位置数据（robtarget）两种指定方式。

移动速度：用来定义机器人、外部轴的运动速度。

定位允差：用来定义目标位置的允许定位误差，机器人、外部轴一旦到达指令规定目标位置的定位允差范围内，系统将认为移动指令执行完成，开始接着执行下一指令。

工具/工件数据：用来定义移动指令的附加特性，如工具坐标系、工具姿态及工件坐标系等。

以上指令中的目标位置、定位允差、移动速度均需要通过程序数据、添加项，以程序数据名称、添加项名称的形式指定。因此，在 RAPID 程序中，需要通过程序数据定义指令定义相关数据。

二、绝对位置及定义

绝对位置是以各运动轴本身的绝对原点为基准，直接利用回转角度或直线位置描述的机器人和外部轴位置。在 RAPID 程序中，它可通过机器人绝对定位指令 MoveAbsJ、外部轴绝对定位指令 MoveExtJ，实现目标位置的定位。

在机器人控制系统中，绝对位置通过驱动轴运动的伺服电动机的位置编码器输出脉冲计数得到。由于机器人伺服电动机编码器采用的是带断电保持功能的绝对编码器，脉冲计数的零位（绝对原点）一经设定，在任何时刻，电动机轴转过的脉冲计数值都是一个确定值，它既不受机器人、工具、工件等坐标系的影响，又与机器人、工具的姿态无关。

在 RAPID 程序中，绝对位置通过关节位置数据 jointtarget 指定，jointtarget 属于复合型数据，在程序中需要以数据名称的形式编程，数值需要用数据定义指令定义。

定义关节位置数据 jointtarget 的指令格式如图 3 – 5 – 2 所示。

robax：机器人本体运动轴的绝对位置，标准编程软件允许使用 6 个运动轴 j1 ~ j6；回转轴以绝对角度表示，单位为度（°）；直线轴以绝对位置表示，单位为 mm。

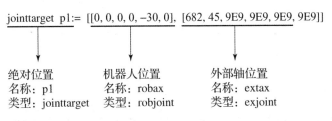

图 3 – 5 – 2　关节位置数据 jointtarget 的指令格式

extax：机器人基座轴、工装轴的绝对位置，标准编程软件允许使用 6 个外部轴 e1 ~ e6；回转轴以绝对角度表示，单位为度（°）；直线轴以绝对位置表示，单位为 mm；未使用的外部轴设定为 9E9。

在 RAPID 程序中，绝对位置既可完整编程，又可对机器人本体绝对位置 robax、外部轴绝对位置 extax 进行单独编程，还可通过偏移指令 EOffSet 调整外部轴位置。

三、TCP 位置定义

TCP 位置是以指定的坐标系原点为基准，以三维笛卡儿直角坐标系位置值（x, y, z）描述的机器人位置。在 RAPID 程序中，TCP 位置是关节、直线、圆弧插补指令 MoveJ、MoveL、MoveC 的目标位置。

在 RAPID 程序中，TCP 位置通过 TCP 位置数据 robtarget 指定，robtarget 属于复合型数据，以数据名称的形式编程，数值需要通过程序数据定义指令定义。定义 TCP 位置数据 robtarget 的指令格式如图 3 – 4 – 6 所示。

在 RAPID 程序中，TCP 位置既可完整定义，又可对其某一部分进行单独修改或设定，还可通过 RAPID 函数指令进行运算和处理。

单元习题

填空题

1. RAPID 编程过程中需要选择指令代码，并设置_____、_____、外部轴位置、_____、定位允差、_____等。

2. 绝对位置是以各运动轴本身的_____为基准，直接利用_____或_____描述的机器人和外部轴位置。在 RAPID 程序中，它可通过机器人绝对定位指令_____、外部轴绝对定位指令_____，实现目标位置的定位。

单元小结

RAPID 程序的移动指令与移动要素及 TCP 位置定义是 RAPID 编程的主要部分，任何一个程序都离不开这两个部分，尤其是工业机器人的运动轨迹均由以上几部分组成。

任务 分析样例 RAPID 程序

任务描述

RAPID 程序模块包括标题、注释、指令、标识等基本构成，在此基础之上又分为主程序与子程序。不同的普通程序、功能程序、中断程序在使用过程中，需要借助不同的程序参数及不同类型的程序数据。在本任务中，通过分析样例 RAPID 程序，解构 RAPID 的程序架构及内部组成。

任务目标

（1）了解 RAPID 程序模块的组成与结构。
（2）掌握 RAPID 程序中的主程序与子程序。
（3）能够分析 RAPID 程序中的数据类型。

任务实施

（1）请查阅模块三中有关 RAPID 程序模块的介绍，完成下列程序中横线处的标识或注释。

```
%%%
VERSION:1
LANGUAGE:ENGLISH
%%% //_____
!********************************************************
1********************************************************
MODULE mainmodu (SYSMODULE) //_____
! Module name : Mainmodule for MIG welding //_____
! Robot type : IRB 2600
! Software : RobotWare 6.01
! Created : 2017－01－01
PERS tooldata tMIG1:= [TRUE,[[0,0,0],[1.0,0,0]],[1,[0,0,0],[1.0,0,0],0,0,01];
PERSwobjdata station :=[FALSE,TRUE,"",[[0,0,0],[1.0,0,0]][[0,0,0],[1.0,0,0]]];
PERS seandata sm1 :=10.2,0.05,[0,0,0,0,0,0,0,0,01,0,0,0,0,0, t0,0,8,9.4;
0,0,0,01,0.0,0,1,0,[0,0,0,0,0,0,0,0,01,0.05];
PERS welddata wdl :=(40,10,[0,0,10,0,0,10,0,0,01,[0,0,0,0,0,0,0,0,011;
VAR speeddata vrapid :=[500,30,250,15]
CONST robtarget po :=[10,0,500],[1.0,0,01,-1,0,-1,1],[9E9,9E9,989,929,9E9,9E9]]
……
!********************************************************
PROC mainprg ()              //主程序 mainprg
 ! Main program for MIG welding //注释
 Initall;//_____
```

```
......
WHILE TRUE DO                                    //循环执行
  IF di01WorkStart =1 THEN
  rWelding; //_____
  ENDIF
  WaitTime 0.3;                                  //暂停
ENDWHILE                                         //结束循环
ERROR                                            //错误处理程序
  IF ERRNO = ERR GLUEFLOW THEN
  ......
ENDIF                                            //错误处理程序结束
ENDPROC //_____
!*********************************************************
PROC Initall() //_____
  AccSet 100,100;                               //加速度设定
  VelSet 100, 2000;                             //速度设定
  rCheckHomePos;                                //调用子程序 rCheckHomePos
  ......
  IDelete irWorkStop;                           //中断复位
  CONNECT irWorkStopWITH WorkStop;              //定义中断程序
  ISignalDI diWorkStop, 1, irWorkStopi          //定义中断、启动中断监控
ENDPROC //_____
!*********************************************************
PROC rCheckHomePos () //_____
  IF NOT CurrentPos(p0,tMIG1) THEN
  MoveJ p0,v30,fine,tMIG1 WObj: = wobj0;
  ......
ENDIF
ENDPROC
!*********************************************************
FUNC bool CurrentPos(robtarget ComparePos, INOUT tooldata TCP//功能程序 CurrentPos
  VAR num Counter : = 0;
  VAR robtarget ActualPos;
  ActualPos : = CRobT( \Tool: =tMIG1 \WObj: =wobj0);
  IF ActualPos.trans.x > ComparePos.trans.x - 25AND ActualPos.trans.x < Compare-
  Pos. trans.x +25 Counter : = Counter +1;
  ......
  IF ActualPos.rot.ql > ComparePos.rot.q1 - 0.1 AND ActualPos.rot.ql < Compare-
  Pos.rot.ql +0.1 Counter: =Counter +1;
  RETURN Counter =7;                            //返回 CurrentPos 状态
ENDFUNC //_____
!*********************************************************
TRAP WorkStop //_____
  TPWrite "Working Stop";
  bWorkStop : = TRUE ;
  ......
ENDTRAP //_____
!*********************************************************
PROC rWelding() //_____
  MoveJ p1, v100, z30, tMIG1 \WObj : = station ; //p0→p1
  MoveL p2 v200, z30, tMIG1 \WObj : = station; //p1→p2
ENDPROC //_____
ENDMODULE //_____
```

（2）梳理模块三中介绍的 RAPID 编程基础知识，完成图 3-6-1 所示的思维导图。

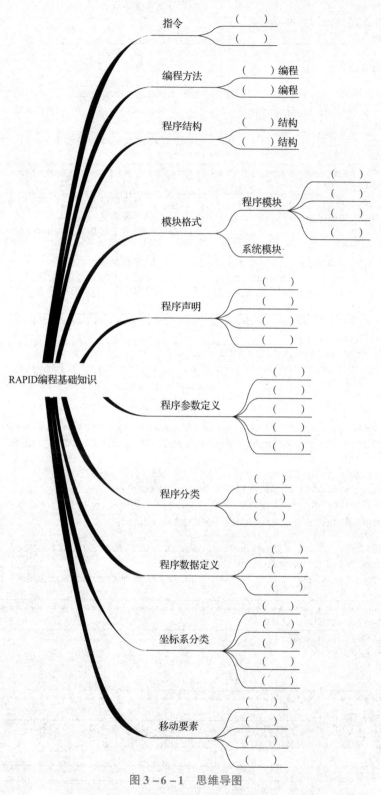

图 3-6-1　思维导图

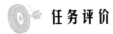 **任务评价**

完成本任务后，利用表 3 – 6 – 1 进行评价。

表 3 – 6 – 1 任务评价表

任务评价	专业知识评价（60分）									过程评价（30分）			素养评价（10分）		
	RAPID 程序模块组成与结构（20分）			RAPID 程序主程序与子程序（20分）			分析 RAPID 程序中的程序数据类型（20分）			穿戴工装、整洁（6分）； 具有安全意识、责任意识、服从意识（6分）； 与教师、其他成员之间有礼貌地交流、互动（9分）； 能积极主动参与、实施检测任务（9分）			能做到安全生产、文明操作、保护环境、爱护公共设施设备（5分）； 工作态度端正，无无故缺勤、迟到、早退现象（5分）		
学习评价	自我评价（5分）	学生互评（5分）	教师评价（10分）	自我评价（5分）	学生互评（5分）	教师评价（10分）	自我评价（5分）	学生互评（5分）	教师评价（10分）	自我评价（10分）	学生互评（10分）	教师评价（10分）	自我评价（3分）	学生互评（3分）	教师评价（4分）
评价得分															
得分汇总															
学生小结															
教师点评															

下篇　工业机器人仿真
与编程实操

模块四

工业机器人基础仿真

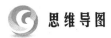 思维导图

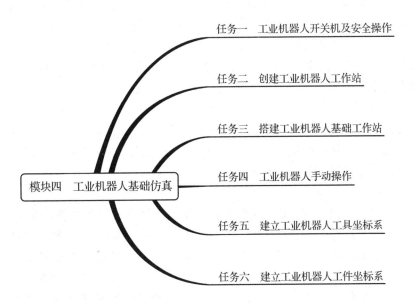

任务一　工业机器人开关机及安全操作

任务二　创建工业机器人工作站

任务三　搭建工业机器人基础工作站

任务四　工业机器人手动操作

任务五　建立工业机器人工具坐标系

任务六　建立工业机器人工件坐标系

模块四　工业机器人基础仿真

任务一　工业机器人开关机及安全操作

任务描述

　　工业机器人具有一定的危险性，安全问题需要引起每一个人的注意。在操作工业机器人或进行维护保养之前，一定要明白操作的流程规范及安全注意事项。工业机器人的开关机是非常基础的机器人实践操作，是学习工业机器人的第一次近距离操作。在保证安全的前提下，通过操作工业机器人控制柜和示教器，完成工业机器人的正确开关机。

任务目标

（1）了解工业机器人通断电的安全注意事项。
（2）掌握工业机器人通断电的方法和步骤。
（3）掌握工业机器人急停的处理方法。

工业机器人开机与
关机操作

任务准备

一、工业机器人安全操作规范

1. 机器人的安全操作规范

在进行机器人的安装、维修、保养时切记要将总电源关闭。带电作业可能会产生致命性后果。如果不慎遭高压电击，可能会导致心跳停止、烧伤或其他严重伤害。

在故障诊断时，机器人有可能必须上电，但当修复故障时，必须断开旋转开关，断开机器人动力电，不可带电维修，以防发生触电事故；在机器人的工作空间外面必须具有可以关断机器人的动力电装置；机器人工作时，一定要注意线缆是否存在破损，一旦发现破损，应立即停机维修。

在调试与运行机器人时，它可能会执行一些意外的或不规范的运动，并且所有的运动都会产生很大的力量，从而严重伤害个人或损坏机器人工作范围内的任何设备，所以应时刻警惕并与机器人保持足够的安全距离。

2. 控制柜的安全操作规范

机器人工作时，不允许打开控制柜的柜门，柜门必须具备报警装置，在其被误打开时，必须强制停止机器人运行；注意伺服电动机工作时，存在高压电能，不可随意触摸伺服电动机，尤其是伺服电动机的出线端子，以防发生触电事故；维修伺服电动机时，必须等伺服电动机的 power 指示灯彻底熄灭，伺服电动机内部电容完全放电后才可进行，否则容易发生触电事故；控制柜的主电线缆均为高压线缆，应远离这些线缆及线缆上的电气器件，以防发生触电事故；控制柜内如有变压器，应当远离变压器的周边，以防发生触电事故；即使控制柜的旋转开关已关断，也应注意控制柜内是否残留有电流，不可随意触摸、拆卸控制柜内器件。一定要注意，旋转开关断开的是开关电路，开关前面的电源依然带电，必要时，请断开控制柜的电源。

3. 功能检查的安全操作规范

功能检查期间，不允许有人员或物品留在机器人危险范围内。功能检查时，必须确保机器人系统已放置并连接好，机器人系统上没有异物或损坏、脱落、松散的部件，所有安全防护装置均完整且有效，所有电气接线均正确无误，外部设备连接正确，外部环境符合操作指南中规定的允许值，必须确保机器人控制系统型号铭牌上的数据与制造商声明中登记的数据一致。

4. 自动运行的安全操作规范

只有在实施以下安全措施的前提下，才允许使用自动运行模式。

（1）预期的安全防护装置都在位，并且能起作用。

（2）程序经过验证，相关性能满足自动运行要求。

（3）在安全防护空间内没有人，如机器人或附件轴停机原因不明，则只在已启动紧急停止功能后方可进入危险区。

5. 运输的安全操作规范

相关人员务必注意规定的机器人运输方式，须按照机器人操作指南中的指示进行运输。使用运输机放置机器人控制系统时，应保持竖直状态。应避免运输过程中的振动或碰撞，以免对机器人控制系统造成损伤。

6. 维修的安全操作规范

维修人员必须保管好机器人钥匙，严禁非授权人员在手动模式下进入机器人软件系统，随意翻阅或修改程序及参数。若发现某些故障或误动作，则维修人员在进入安全防护空间之前应进行排除或修复。若必须进入安全防护空间内维修，则机器人控制必须脱离自动操作状态；机器人不能响应任何远程控制信号；所有机器人系统的急停装置应保持有效。

工业机器人安全操作除了必须完成规范的学习外，还需要清楚工业机器人现场的各种规范标识、警示标识。各种标识的名称及含义如表4-1-1所示。

表4-1-1　各种标识的名称及含义

序号	警示标牌	名称	含义
1		电击	针对可能会导致的严重人员伤害
2		危险提醒	提示当前环境可能存在危险
3		危险	警告，如果不依照说明操作，就会发生事故，并导致严重或致命的人员伤害或严重的产品损坏。它适用于如接触高压气装置、爆炸或火灾、有害气体风险、撞击和从高处跌落等危险所采用的警告
4		小心	警告，如果不依照说明操作，可能会发生能造成伤害或重大产品损坏的事故。它也适用于包括烧伤、眼睛伤害、皮肤伤害、听觉伤害、跌倒、撞击和从高处跌落等危险的警告。此外，安装和卸除有损坏产品或导致故障风险的设备时，它适用于包括功能需求的警告
5		警告	警告，如果不依照说明操作，可能会发生事故，该事故可造成严重的伤害或重大的产品损坏。它适用于如接触高压气装置、爆炸或火灾、有害气体风险、撞击和从高处跌落等危险所采用的警告

序号	警示标牌	名称	含义
6		静电放电（ESD）	静电放电（ESD）针对可能会导致产品严重损坏的电气危险的警告
7		注意	注意描述重要的事实和条件
8		提示	提示描述从何处查找附件信息或者如何以更简单的方式进行操作

二、操作人员安全注意事项

操作人员要尽量避免进入安全栅栏内进行作业，具体安全注意事项如下。

（1）不需要操作机器人时，应断开机器人控制装置的电源，或在按下急停按钮的状态下进行作业。

（2）应在安全栅栏外进行机器人系统的操作。

（3）为了预防负责操作的作业人员以外的人员意外进入，或为了避免操作者进入危险场所，应设置防护栅栏和安全门。

（4）应在操作者伸手可及之处设置急停按钮。

（5）在进行示教作业之前，应确认机器人或外部设备没有处在危险的状态且没有异常。

（6）在迫不得已的情况下，需要进入机器人的动作范围内进行示教作业时，应事先确认安全装置（如急停按钮、示教器的安全开关等）的位置和状态等。

（7）程序员应特别注意，勿使其他人员进入机器人的动作范围。

（8）编程时应尽可能在安全栅栏的外边进行。因不得已情形而需要在安全栅栏内进行时，应注意下列事项。

①仔细查看安全栅栏内的情况，确认没有危险后再进入栅栏内部。

②要做到随时可以按下急停按钮。

③应以低速运行机器人。

④应在确认清楚整个系统的状态后进行作业，以避免由于针对外部设备的遥控指令和动作等而导致作业人员陷入危险境地。

三、维修人员安全注意事项

维修人员安全注意事项如下。

（1）在机器人运转过程中，切勿进入机器人的动作范围内。

（2）应尽可能在断开机器人和系统电源的状态下进行作业，当接通电源时，有的作业有触电的危险。此外，应根据需要上好锁，以使其他人员不能接通电源。

（3）在通电中因迫不得已的情况而需要进入机器人的动作范围内时，应在按下操作箱（操作面板）或示教器的急停按钮后再入内。此外，作业人员应挂上"正在进行维修作业"的标牌，提醒其他人员不要随意操作机器人。

（4）在进行维修作业之前，应确认机器人或外部设备没有处在危险的状态且没有异常。

（5）当机器人的动作范围内有人时，切勿执行自动运转。

（6）在墙壁和器具等旁边进行作业时，或几个作业人员相互接近时，应注意不要堵住其他作业人员的逃生通道。

（7）当机器人上备有工具时，以及除了机器人外还有传送带等可动器具时，应充分注意这些装置的运动。

（8）作业时应在操作箱/操作面板的旁边配置一名熟悉机器人系统且能够察觉危险的人员，使其处在任何时候都可以按下急停按钮的状态。

（9）在更换部件或重新组装时，应注意避免异物的黏附或混入。

（10）在检修控制装置内部时，如要触摸到单元、印制电路板等上，为了预防触电，务必先断开控制装置主断路器的电源，再进行作业。在两台机柜的情况下，应断开其各自的断路器电源。

（11）维修作业结束后重新启动机器人系统时，应事先充分确认机器人动作范围内是否有人，以及机器人和外部设备是否异常。

（12）在拆卸电动机和制动器时，应采取以吊车吊住手臂后再拆卸，以避免手臂落下来。

（13）伺服电动机内部、减速机、齿轮箱、手腕单元等处会发热，需要注意在发热的状态下因不得已而必须触摸设备时，应准备好耐热手套等保护用具。

（14）在拆卸或更换电动机和减速机等具有一定质量的部件和单元时，应使用吊车等辅助装置，以避免给作业人员带来过大的作业负担。

（15）在进行作业的过程中，不要将脚搭放在机器人的某一位置上，也不要爬到机器人上面。这样不仅会给机器人造成不良影响，还有可能发生作业人员踩空而受伤。

（16）在高地进行维修作业时，请确保脚手台安全且作业人员要穿戴好安全带。

（17）在更换拆下来的部件（螺栓等）时，应正确装回其原来的部位。如果发现部件不够或部件有剩余，则应再次确认并正确安装。

（18）在更换完部件后，务必按照规定的方法进行测试运转，此时，作业人员务必在安全栅栏的外边进行操作。

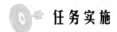 **任务实施**

一、开机操作及模式切换

工业机器人的开关机是非常基础的机器人实践操作，是学习工业机器人的第一次近距离操作。操作者应在保证安全的前提下，通过操作工业机器人控制柜和示教器，完成工业机器人的正确开关机操作。控制柜和示教器实物图如图 4-1-1 所示。

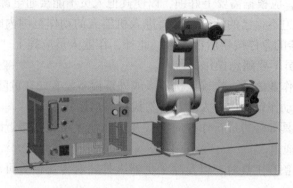

图 4-1-1 控制柜和示教器实物图

（1）打开机器人控制柜电源开关（即从 OFF 到 ON），如图 4-1-2 所示。如果选择手动模式，则使用钥匙将模式开关从自动拨到手动，如图 4-1-3 所示。

图 4-1-2　控制柜电源开关　　　　　图 4-1-3　模式切换

（2）接通电源后，电动机上电指示灯闪烁，表示各轴电动机未上电，如图 4-1-4 所示。

（3）按下使能器按钮，并保持在"电机开启"状态，才可对机器人进行手动操作与程序的调试。同时，控制柜上电动机上电指示灯由闪烁转变为常亮状态，如图 4-1-5 所示。

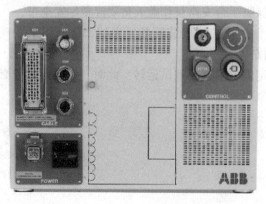 

图 4-1-4　电动机上电指示灯闪烁　　　　图 4-1-5　电动机上电指示灯常亮

（4）如果需要切换到自动模式，可松开使能器按钮，使电动机停止，如图 4-1-6 所示。

（5）选择自动模式，即使用钥匙将模式开关从手动拨到自动，如图 4-1-7 所示。

图 4-1-6　电动机停止

图 4-1-7　选择自动模式

二、关机操作

关机操作的步骤如下。

（1）确认示教器的状态栏显示"防护装置停止"，确认机器人已停止运行（若"正在运行"，可按停止按钮），如图 4-1-8 所示。

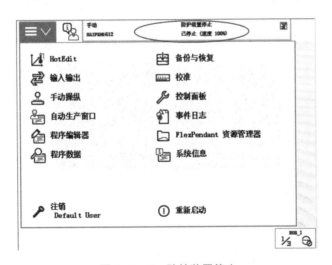

图 4-1-8　防护装置停止

（2）单击菜单键，选择"重新启动"选项，如图 4-1-9 所示。

（3）使用触摸屏，用笔点击"高级"选项卡，如图 4-1-10 所示。

（4）使用触摸屏，用笔点击"关闭主计算机"选项，如图 4-1-11 所示。

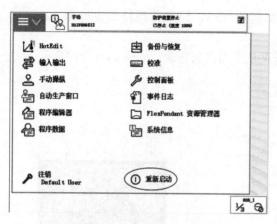

图 4 - 1 - 9　重新启动

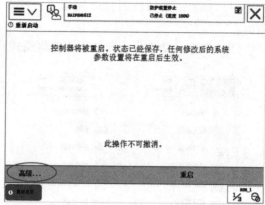

图 4 - 1 - 10　高级选项卡

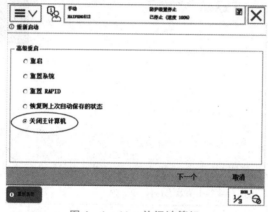

图 4 - 1 - 11　关闭计算机

（5）将控制柜上电源旋钮从 ON 旋转到 OFF，断开控制柜供电，如图 4 - 1 - 12 所示。

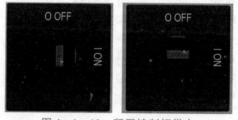

图 4 - 1 - 12　断开控制柜供电

三、紧急停止操作

紧急停止操作的步骤如下。

（1）按下示教器急停按钮，停止所有操作，进行急停保护。此时示教器显示"紧急停止"，如图 4 - 1 - 13 所示。

（2）向右旋开急停按钮，解除急停状态，触摸屏显示"紧急停止后等待电机开启"，如图 4 - 1 - 14 所示。此时机器人控制柜电动机上电指示灯闪烁，等待电动机上电。

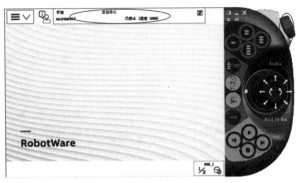

图 4 - 1 - 13 按下急停按钮

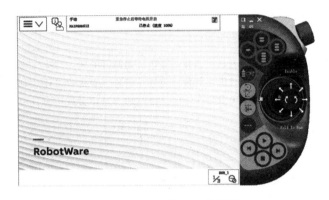

图 4 - 1 - 14 旋开急停按钮

（3）按下电动机上电按钮，则上电按钮指示灯由闪烁转为常亮，表示各轴伺服电动机已经上电，可以进行操作，如图 4 - 1 - 15 所示。

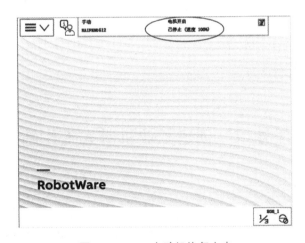

图 4 - 1 - 15 电动机恢复上电

任务评价

完成本任务后，利用表 4 - 1 - 2 进行评价。

表 4 –1 –2　任务评价表

任务评价	专业知识评价（60 分）			过程评价（30 分）	素养评价（10 分）
	工业机器人通断电的安全注意事项（20 分）	工业机器人通断电的方法和步骤（20 分）	工业机器人急停的处理方法（20 分）	穿戴工装、整洁（2 分）； 具有安全意识、责任意识、服从意识（2 分）； 与教师、其他成员之间有礼貌地交流、互动（3 分）； 能积极主动参与、实施检测任务（3 分）	能做到安全生产、文明操作、保护环境、爱护公共设施设备（5 分）； 工作态度端正，无无故缺勤、迟到、早退现象（5 分）

学习评价	自我评价（5 分）	学生互评（5 分）	教师评价（10 分）	自我评价（5 分）	学生互评（5 分）	教师评价（10 分）	自我评价（5 分）	学生互评（5 分）	教师评价（10 分）	自我评价（10 分）	学生互评（10 分）	教师评价（10 分）	自我评价（3 分）	学生互评（3 分）	教师评价（4 分）
评价得分															
得分汇总															
学生小结															
教师点评															

任务二　创建工业机器人工作站

任务描述

创建工业机器人工作站有 3 种方法，分别是创建空工作站解决方案、创建工作站和机器人控制器解决方案、创建空工作站。应根据不同情况选择创建工作站的方法。

任务目标

（1）了解工业机器人仿真技术定义。

（2）掌握 RobotStudio 的具体用途。

（3）掌握 RobotStudio 的界面。

（4）掌握创建工业机器人工作站的 3 种方法。

任务准备

一、工业机器人仿真技术的含义

工业机器人仿真技术是指通过计算机对实际的机器人系统进行模拟的技术，即利用计算机图形学技术，建立起机器人及其工作环境的模型，利用机器人语言及相关算法，通过对图形的控制和操作在离线的情况下进行轨迹规划。离线编程（见图 4-2-1）是工业机器人仿真技术的核心内容。

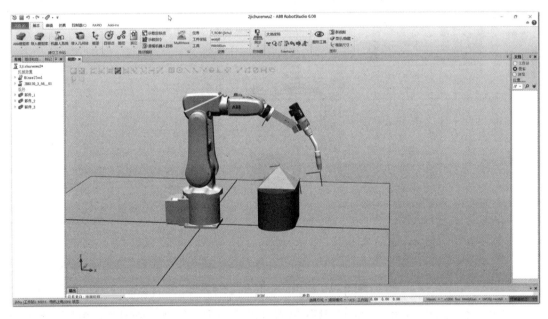

图 4-2-1 离线编程

二、RobotStudio 的含义

RobotStudio 是一款个人计算机应用程序，用于机器人单元的建模、离线创建和仿真。RobotStudio 允许用户使用离线控制器，即在用户计算机上本地运行的虚拟 IRC5 控制器。这种离线控制器又称虚拟控制器（Virtual Controller，VC）。RobotStudio 还允许用户使用真实的物理 IRC5 控制器，简称真实控制器。

当 RobotStudio 随真实控制器一起使用时，称它处于在线模式。当在未连接到真实控制器或在连接到虚拟控制器的情况下使用时，称 RobotStudio 处于离线模式。

三、RobotStudio 的应用

RobotStudio 是目前市场上较为常用的工业机器人仿真软件，是 ABB 公司开发的一款针对 ABB 工业机器人的离线编程软件，利用 RobotStudio 提供的各种工具，可在不影响生产的前提下执行培训、编程和优化等任务，不仅能提升机器人系统的盈利能力，还能降低生产风险，加快投产进度，缩短换线时间，提高生产效率，有效地降低了用户购买和实施机器人解决方案的总成本。其具体功能有 CAD 导入、自动路径生成、自动分析伸展能力、碰撞检测、在线作业、模拟仿真、应用功能包、二次开发等。

**Robot Studio
界面介绍**

四、RobotStudio 软件界面

RobotStudio 软件界面如图 4 – 2 – 2 所示。

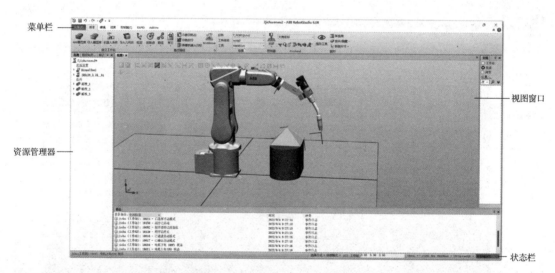

图 4 – 2 – 2　RobotStudio 软件界面

如图 4 – 2 – 2 所示，RobotStudio 软件界面可以分为 4 个区域，分别是菜单栏、资源管理器、视图窗口及状态栏。

1. 菜单栏

菜单栏有"文件""基本""建模""仿真""控制器""RAPID"和"Add – Ins"共 7 个选项卡，具体介绍如下。

（1）"文件"选项卡可打开 RobotStudio 后台视图，其中显示当前活动工作站的信息和元数据、列出最近打开的工作站并提供一系列用户选项（创建新工作站、连接到控制器、将工作站保存为查看器等）。

（2）"基本"选项卡包含常用的基本功能，如添加 ABB 机器人、导入已有模型或用户自定义模型、建立机器人控制系统、路径编程及手动移动机器人等，如图 4 – 2 – 3 所示。

图 4-2-3　"基本"选项卡

（3）"建模"选项卡包含简单的建模功能，可以实现对 CAD 模型的简单操作或在 RobotStudio 软件中建立简单的三维模型，如图 4-2-4 所示。

图 4-2-4　"建模"选项卡

（4）"仿真"选项卡用于设置 RobotStudio 软件的仿真条件，控制仿真程序的起停及对仿真过程进行录像等，如图 4-2-5 所示。

图 4-2-5　"仿真"选项卡

（5）"控制器"选项卡包含用于管理真实控制器的控制措施，以及用于虚拟控制器的同步、配置和分配给它的任务的控制措施，如图 4-2-6 所示。

图 4-2-6　"控制器"选项卡

（6）"RAPID"选项卡。RAPID 程序是 ABB 的编程语言，在该选项卡中可以对 ABB 程序进行设置和修改，实现机器人程序的仿真、同步、调试等，如图 4-2-7 所示。

图 4-2-7　"RAPID"选项卡

（7）"Add-Ins"选项卡。Add-Ins 是 RobotStudio 的可选插件。

2. 资源管理器

资源管理器是当前项目的导航窗口，在其中可以看到当前系统已经添加的设备或模型，如图 4-2-8 所示。

图 4 - 2 - 8　RobotStudio 资源管理器

从图 4 - 2 - 8 中可以看到，资源管理器所显示的项目中包含 IRB120 机器人、BinzelTool 工具和 chushi 工作站名称。在资源管理器中任意部件上双击，即可在视图中定位并居中显示该部件。

3. 视图窗口

视图窗口是用于显示机器人及其应用系统三维模型的观察窗口，可以显示机器人、系统模型的位置、组成及机器人的运动过程，并且通过改变观察视角可以实现对模型的多角度观察，更加具有真实性，如图 4 - 2 - 9 所示。

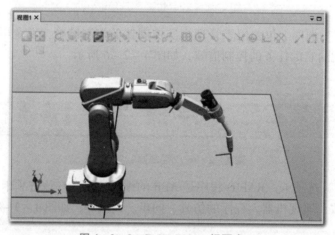

图 4 - 2 - 9　RobotStudio 视图窗口

按住〈Ctrl〉键可以进行视角的移动，按住〈Ctrl + Shift〉组合键可以进行视角的旋转。

4. 状态栏

状态栏用以显示当前的运行状态，包括当前的选择模式、捕捉模式、机器人控制系统运行状态和当前鼠标捕捉点的空间坐标等。除此之外，状态栏还有路径编程时所用的常用指令的快速选择菜单，可以实现快速的编程和程序修改，如图 4 - 2 - 10 所示。

在状态栏中，①表示电动机状态及该工作站名称，此处工作站名称为 chushi，电动机状态为"电机下电"，即 OFF 状态，可以在此处观察控制器的操作模式。

图 4 – 2 – 10　RobotStudio 状态栏

②表示当前指令，此处为 MoveL v1000，z100，tool0\WObj：= wobj0。

③表示选择方式及 UCS，此处为捕捉模式。

④表示控制器数量及状态，此处表示共 1 个控制器，1 个控制器在运行，绿色代表当前处于自动模式。单击控制器状态处，可以看到控制器详细信息，如图 4 – 2 – 11（a）所示。通过示教器可以改变当前控制器状态，将其更改为手动模式，对应的控制器状态如图 4 – 2 – 11（b）所示，当前黄色即为手动模式。

（a）　　　　　　　　　　　　　　（b）

图 4 – 2 – 11　RobotStudio 状态栏窗口

🎯 **任务实施**

一、创建空工作站解决方案

创建工业机器人工作站

新建一个工业机器人工作站一共有 3 种方法，如图 4 – 2 – 12 所示。创建空工作站解决方案的步骤如下。

图 4 – 2 – 12　新建工业机器人基础工作站

（1）单击"文件"选项卡。显示 RobotStudio 后台视图，选择"新建"选项。在"工作站"下，选择"空工作站解决方案"选项，如图4-2-13所示。

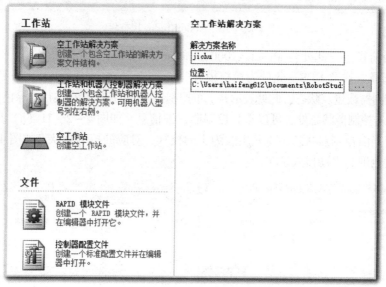

图4-2-13　空工作站解决方案

（2）在"解决方案名称"文本框输入解决方案的名称，在"位置"文本框浏览并选择目标文件夹。默认解决方案路径为 C：\Users\<username>\Documents\RobotStudio\Solutions，此处 username 为 haifeng612。

（3）单击"创建"按钮，新解决方案将使用指定名称创建。RobotStudio 默认会保存此解决方案，完成后的名为 jichu 的空工作站解决方案如图4-2-14所示。

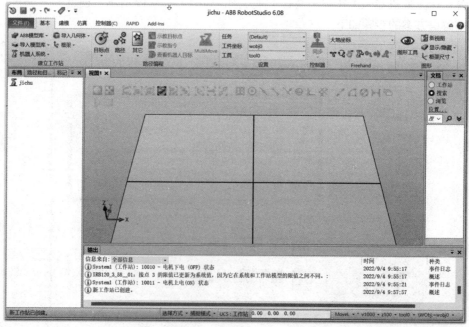

图4-2-14　jichu 的空工作站解决方案

二、创建工作站和机器人控制器解决方案

创建工作站和机器人控制器解决方案步骤如下。

（1）在后台视图中，选择"工作站和机器人控制器解决方案"选项，如图 4 - 2 - 15 所示。

（2）在"解决方案名称"文本框中输入解决方案的名称，在"位置"文本框中浏览并选择目标文件夹。默认解决方案路径为 C：\ User \ < user name > \ Documents \ RobotStudio \ Solutions。如果不指定解决方案的名称，RobotStudio 默认会分配名称 Solution1，此处在默认路径 Solutions 后添加 jichu，并将默认名称改为 jichu。

（3）在"控制器组"中的"名称"文本框中输入控制器名称或从机器人型号列表中选择机器人型号，此处为 IRB_120_3kg_0.58m。

（4）在没有指定解决方案名称时，虚拟控制器系统的默认位置是 C：\Users\ < username > \ Documents \RobotStudio \Solutions \Solution1 \Systems，在此处的 username 为 haifeng612。

（5）在"RobotWare"列表中选择要求的 Robotware 版本或单击"位置"按钮以设置发行包、位置及媒体库位置，此处选择 6.04.01.00。

（6）工作站和机器人控制器解决方案可以从模板或备份创建。

①要从模板创建，选中"新建"单选按钮，然后从机器人型号列表选择所需的机器人型号以创建控制器，此处选择 IRB_120_3kg_0.58m，如图 4 - 2 - 15 所示。

②要从备份创建，应选中"从备份创建"单选按钮，然后浏览并选择所需的备份文件。另外，应选中"从备份中恢复"复选框来将备份恢复到新控制器上。

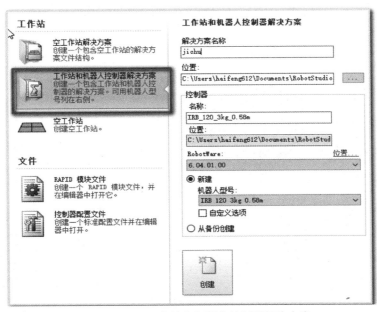

图 4 - 2 - 15　工作站和机器人控制器解决方案

（7）单击"创建"按钮，完成后的 jichu 工作站和机器人控制器解决方案如图 4 - 2 - 16 所示。

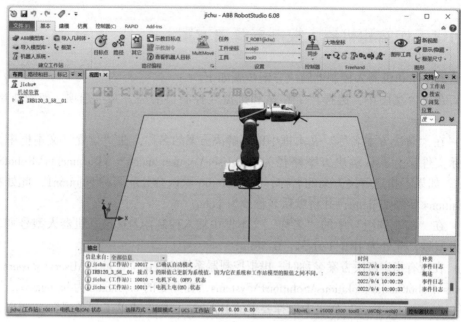

图 4 – 2 – 16   jichu 工作站和机器人控制器解决方案

三、创建空工作站

创建空工作站的步骤如下。

（1）在后台视图中，选择"空工作站"选项，如图 4 – 2 – 17 所示。

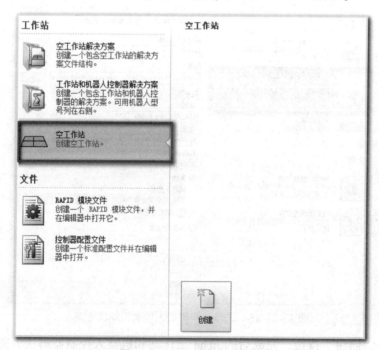

图 4 – 2 – 17   创建空工作站

（2）单击"创建"按钮，完成后的空工作站如图4-2-18所示。

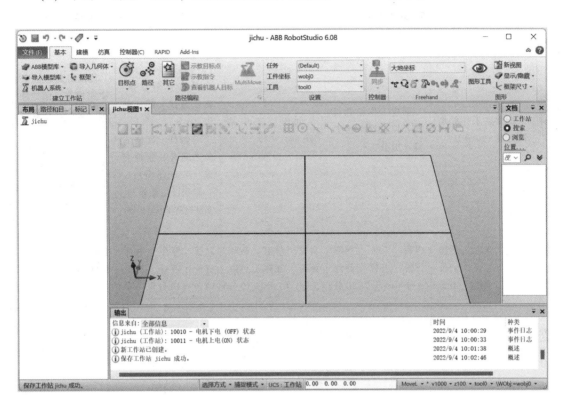

图4-2-18　完成后的空工作站

RobotStudio 解决方案

RobotStudio 将解决方案定义为文件夹的总称，其中包含工作站、库和所有相关元素的结构。在创建文件夹结构和工作站前，必须先定义解决方案的名称和含义。解决方案文件夹中包含各种文件夹和文件，如表4-2-1所示。

表4-2-1　解决方案的名称和含义

序号	名称	含义
1	工作站	作为解决方案一部分而创建的工作站
2	系统	作为解决方案一部分而创建的虚拟控制器
3	库	在工作站中使用的用户定义库
4	解决方案文件	打开此文件会打开解决方案

任务评价

完成本任务后，利用表4-2-2进行评价。

表 4 – 2 – 2　任务评价表

任务评价	专业知识评价（60 分）			过程评价（30 分）	素养评价（10 分）
	创建空工作站解决方案（20 分）	创建工作站和机器人控制器解决方案（20 分）	创建空工作站（20 分）	穿戴工装、整洁（6 分）； 具有安全意识、责任意识、服从意识（6 分）； 与教师、其他成员之间有礼貌地交流、互动（6 分）； 能积极主动参与、实施检测任务（9 分）	能做到安全生产、文明操作、保护环境、爱护公共设施设备（5 分）； 工作态度端正，无无故缺勤、迟到、早退现象（5 分）

学习评价	自我评价（5 分）	学生互评（5 分）	教师评价（10 分）	自我评价（5 分）	学生互评（5 分）	教师评价（10 分）	自我评价（5 分）	学生互评（5 分）	教师评价（10 分）	自我评价（10 分）	学生互评（10 分）	教师评价（10 分）	自我评价（3 分）	学生互评（3 分）	教师评价（4 分）
评价得分															
得分汇总															
学生小结															
教师点评															

任务三　搭建工业机器人基础工作站

任务描述

　　工业机器人基础工作站包括两个主要部分，一个部分是工业机器人本体，另一个部分均可称为其他设备，在这个任务中将使用"模型"选项卡进行基础模型的搭建、安装，再通过将本体及已经搭建的模型进行布局，完成基础工作站的搭建。

任务目标

（1）掌握创建正方体、锥体、圆柱体模型的方法。
（2）掌握创建工业机器人系统的方法。
（3）掌握创建工业机器人基础布局的方法。
（4）掌握安装工具到工业机器人的方法。
（5）掌握用 Freehand 进行轨迹创建的方法。

任务实施

一、搭建基础模型

搭建工业机器人
基础工作站 –
搭建基础模型

搭建基础模型的步骤如下。

（1）选择"文件"选项卡→"新建"选项，新建名为 jichu 的空工作站解决方案，如图 4 – 3 – 1 所示。

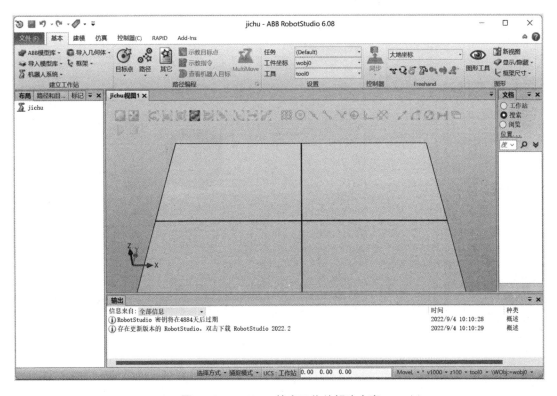

图 4 – 3 – 1　*jichu* 的空工作站解决方案

（2）选择"建模"→"固体"→"矩形体"命令，如图 4 – 3 – 2 所示。

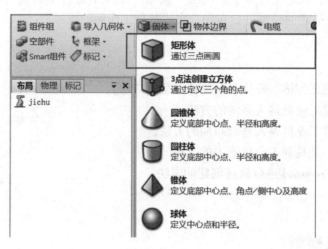

图 4 – 3 – 2　"矩形体"选项

（3）在"创建方体"窗格中可以看到，"角点，X = 300""长度 = 200""宽度 = 200""高度 = 200"，其余均为"0"，如图 4 – 3 – 3（a）所示。单击"创建"按钮，创建正方体模型，如图 4 – 3 – 3（b）所示。

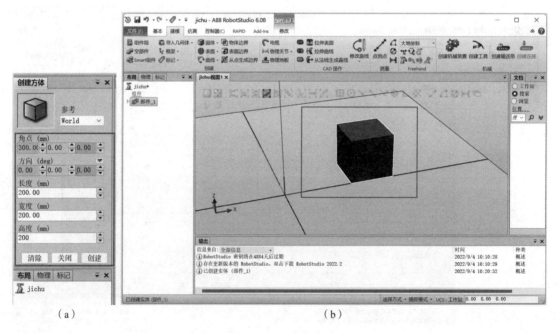

（a）　　　　　　　　　　　　　　　　　（b）

图 4 – 3 – 3　正方体模型的创建
（a）"创建方体"窗格；（b）正方体模型

（4）右击"正方体"模型，在弹出的快捷菜单中选择"修改"→"设定颜色"命令，如图 4 – 3 – 4 所示。在"设定颜色"对话框中选择绿色，单击"确定"按钮，将正方体设定为绿色，如图 4 – 3 – 5 所示。

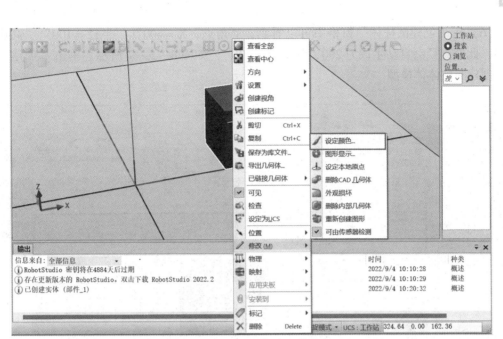

图 4 – 3 – 4　"修改"菜单

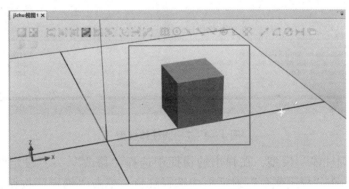

图 4 – 3 – 5　设定正方体颜色

（5）选择"建模"→"固体"→"圆柱体"命令，如图 4 – 3 – 6 所示。

图 4 – 3 – 6　"圆柱体"选项

（6）在"创建圆柱体"窗格中可以看到，"角点，X＝400""半径＝100""高度＝200"，此处直径会自动生成为200，其余均为"0"，如图4－3－7所示。单击"创建"按钮，创建圆柱体体模型。

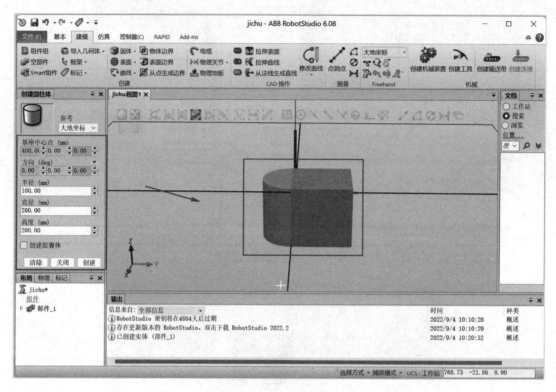

图4－3－7　圆柱体模型

（7）右击"圆柱体"模型，在弹出的快捷中选择"修改"→"设定颜色"命令，如图4－3－8所示。在"设定颜色"对话框中选择红色，单击"确定"按钮，将圆柱体设定为红色，如图4－3－9所示。

（8）选择"建模"→"固体"→"锥体"命令，如图4－3－10所示。在"创建角锥体"窗格中可以看到"从中心到边＝100""高度＝100"，其余均默认为"0"，单击"创建"按钮，完成锥体模型创建，如图4－3－11所示。

（9）按照步骤6，将锥体颜色设定为黄色，如图4－3－12所示。

（10）将已经建模完成的锥体安装到绿色正方体正上方，右击"锥体"，在弹出的快捷菜单中选择"位置"→"放置"→"一个点"命令，如图4－3－13所示。

（11）单击"捕捉对象"按钮，如图4－3－14所示。

（12）单击"放置对象"窗格中的"主点－从"组的"X坐标"，此时鼠标指针会显示十字取点形状，如图4－3－15所示。

（13）按〈Ctrl＋Shift〉组合键，并单击窗口中模型进行旋转，旋转到如图4－3－16所示的位置时，再次单击"放置对象"窗格"主点－从"组的"X坐标"，使鼠标指针显示十字取点形状，将十字取点形状放在锥体正下方，可看到圆球，即表示可以取点，如图4－3－17所示。

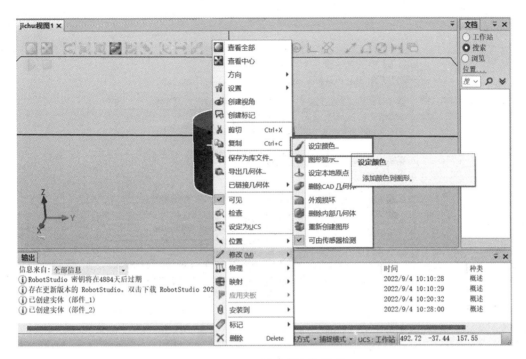

图4-3-8　"设定颜色"选项

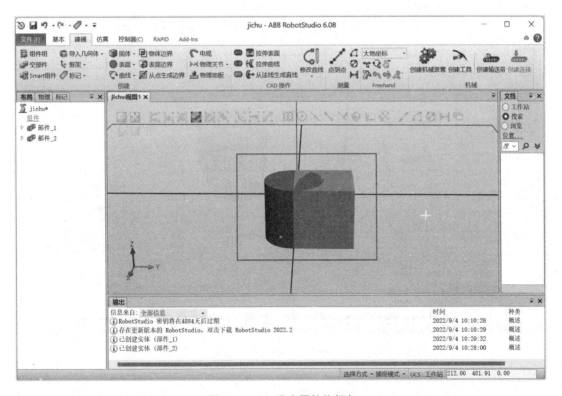

图4-3-9　设定圆柱体颜色

图 4 - 3 - 10 "锥体"选项

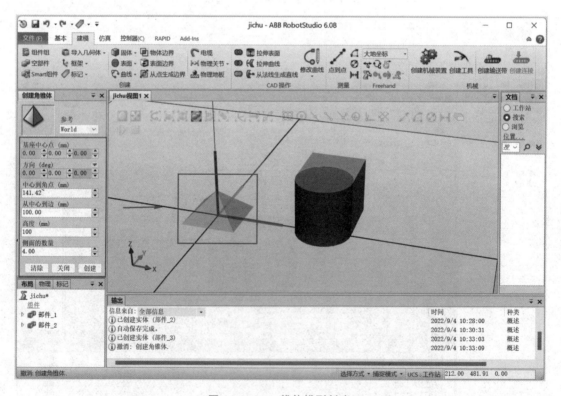

图 4 - 3 - 11 锥体模型创建

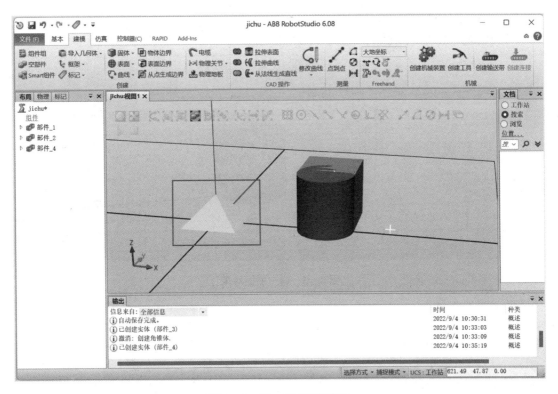

图 4 – 3 – 12　设定锥体颜色

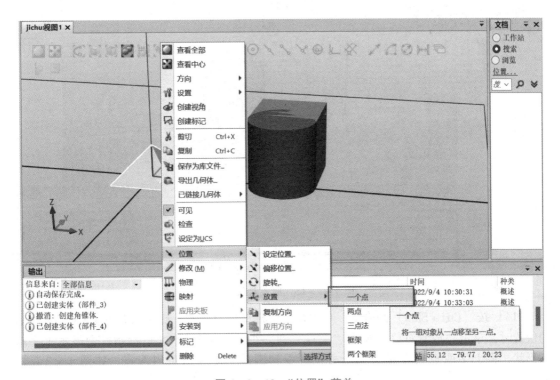

图 4 – 3 – 13　"位置"菜单

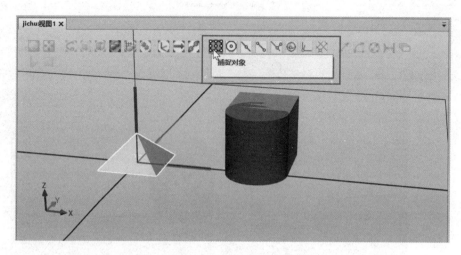

图 4 - 3 - 14　捕捉对象

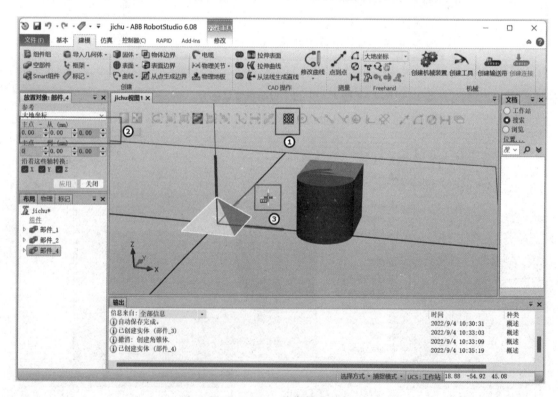

图 4 - 3 - 15　放置对象操作

（14）按〈Ctrl + Shift〉组合键，单击窗口中模型进行旋转，旋转到如图 4 - 3 - 18 所示的位置时，单击"放置对象"窗格"主点 - 到"组的"X 坐标"，鼠标指针会显示十字取点形状，将十字取点放在正方体上方，可看到圆球，即表示可以取点，如图 4 - 3 - 19 所示。

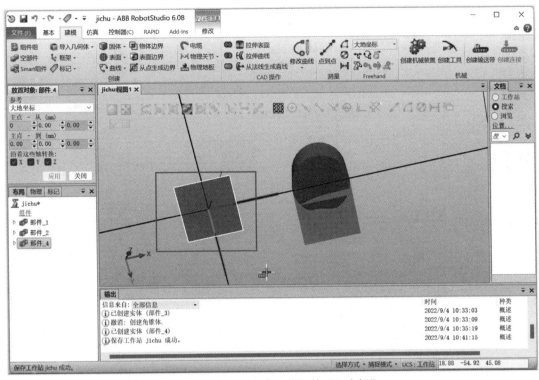

图 4 - 3 - 16　"主点 - 从" 的 "X 坐标"

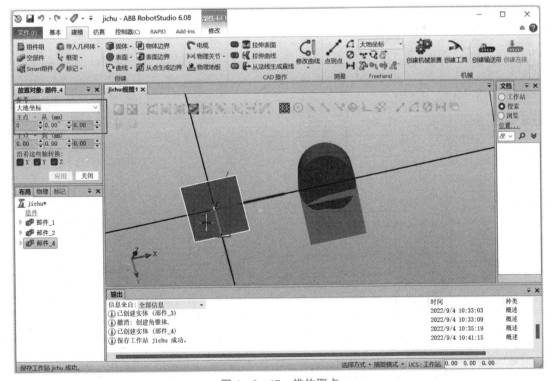

图 4 - 3 - 17　锥体取点

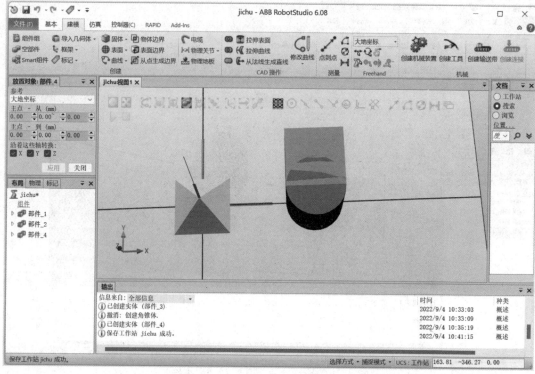

图4-3-18 "主点-到"的"X坐标"

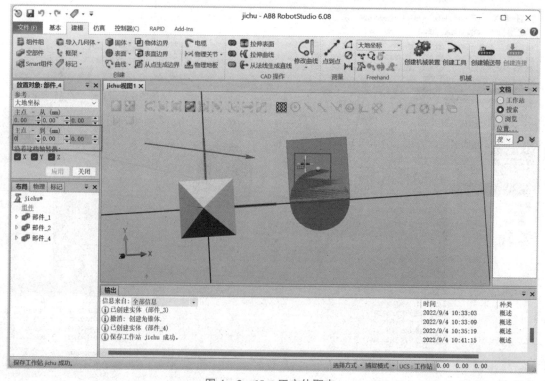

图4-3-19 正方体取点

（15）在正方体上取点成功后，如图 4－3－20 所示。此时单击"放置对象"窗格的"应用"按钮，即可将"锥体"安装在"正方体"正上方，如图 4－3－21 所示。

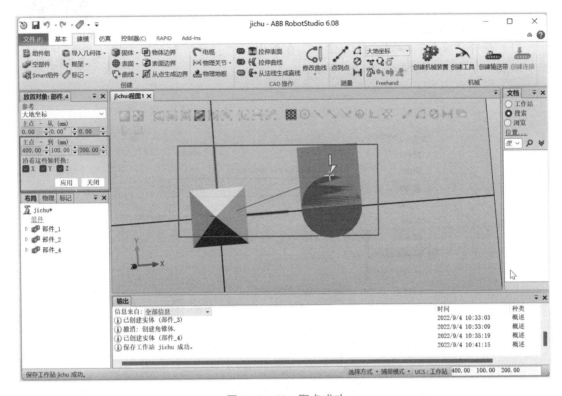

图 4－3－20　取点成功

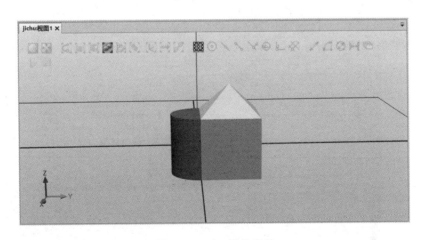

图 4－3－21　锥体安装

说明：此处把"锥体"安装到"正方体"选择"一个点"是因为二者的特殊性，在非规则图形或中心点、初始原点不同的情况下，需要根据情况选择"一个点""两点""三个点""框架""两个框架"等。此处，同样可以使用"位置"→"设定位置"进行模型的搭建，前提是要熟知二者的坐标位置，读者可以自行尝试。

二、布局基础工作站

**搭建工业机器人
基础工作站 –
布局基础工作站**

布局基础工作站的步骤如下。

（1）选择"文件"→"打开"命令，在弹出的"打开"对话框中选择"jichu"工作站，如图 4 – 3 – 22 所示。

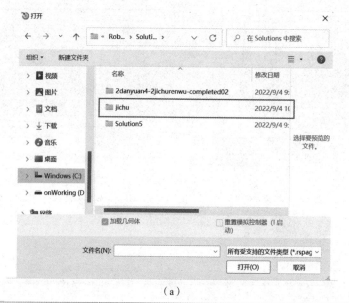

（a）

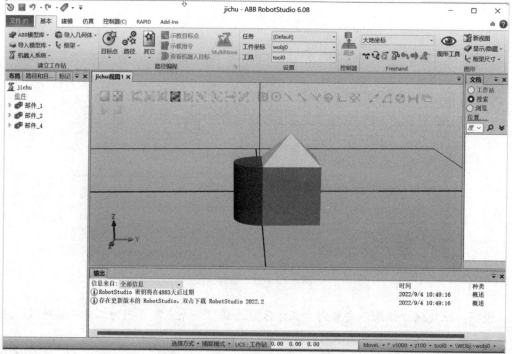

（b）

图 4 – 3 – 22　打开"jichu"工作站

（2）选择"基础"→"ABB 模型库"命令，在打开的下拉菜单中选择"IRB 120"工业机器人，在弹出的"IRB 120"对话框中单击"确定"按钮，如图 4 - 3 - 23 所示。完成模型的导入，如图 4 - 3 - 24 所示。此时能在资源管理器中看到已经导入完成的名为"IRB120_3_58__01"的 ABB 工业机器人模型，该工业机器人名称可以根据实际情况进行修改。

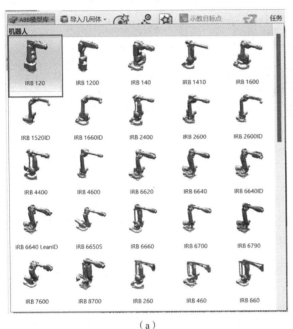

（a）

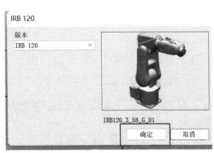

（b）

图 4 - 3 - 23　导入"IRB 120"工业机器人模型

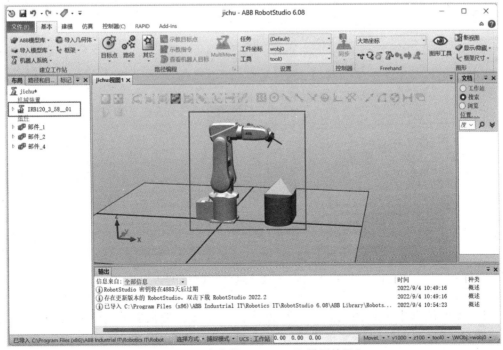

图 4 - 3 - 24　完成"IRB 120"模型的导入

（3）完成 ABB 工业机器人模型导入后，继续基础工作站工具的安装，此次使用的工具为焊枪，故先进行"焊枪"模型的导入，即在"基础"选项卡，选择"导入模型库"→"用户库"命令，选择 RobotStudio 软件自带的焊枪模型"BinzelTool"，如图 4-3-25 所示。

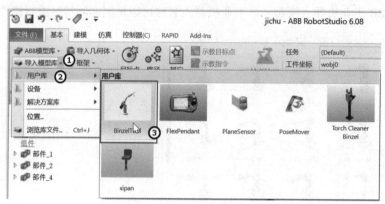

图 4-3-25　导入"焊枪"模型

（4）导入"焊枪"模型后，由于其默认初始位置与 IRB 120 工业机器人模型初始位置重叠，只能看到如图 4-3-26 所示阴影部分。

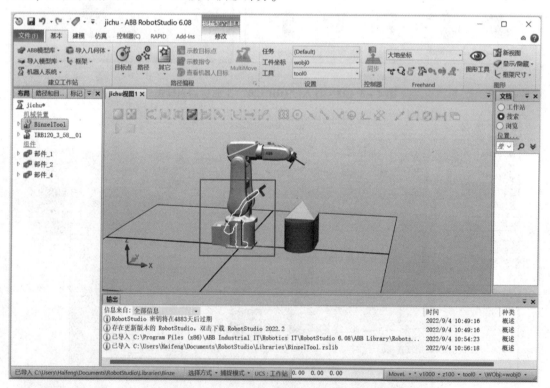

图 4-3-26　完成"焊枪"模型的导入

（5）虚拟仿真中工具的安装有两种方法，一种方法是在资源管理器处，右击工具"BinzelTool"，在弹出的快捷菜单中选择"安装到"→"IRB120_3_58__01"命令，如图 4-3-27 所示。另一种方法更为简单，直接单击并拖动"BinzelTool"到"IRB120_3_

58__01"即可,如图4-3-28所示。在图4-3-29所示的"更新位置"提示框中单击"是"按钮,进行工具位置的更新,完成如图4-3-30所示的工具的安装。

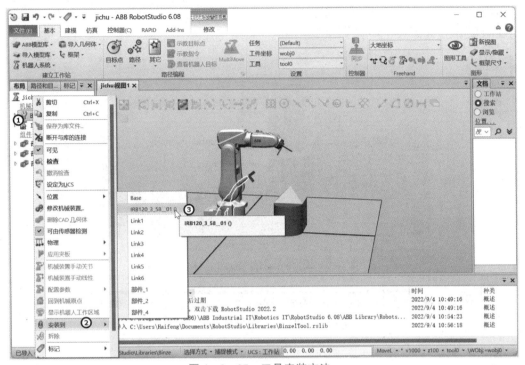

图4-3-27　工具安装方法一

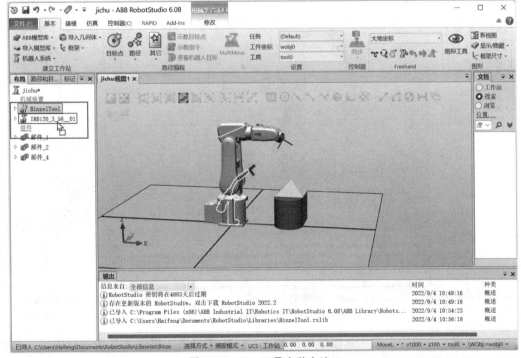

图4-3-28　工具安装方法二

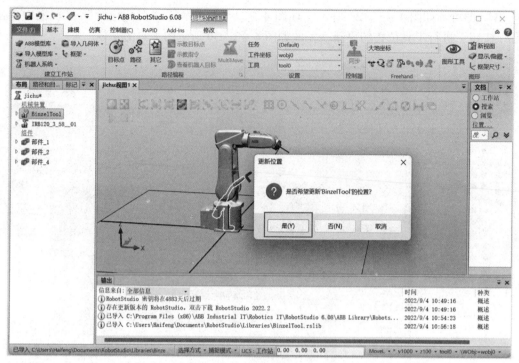

图 4 – 3 – 29　"更新位置"提示框

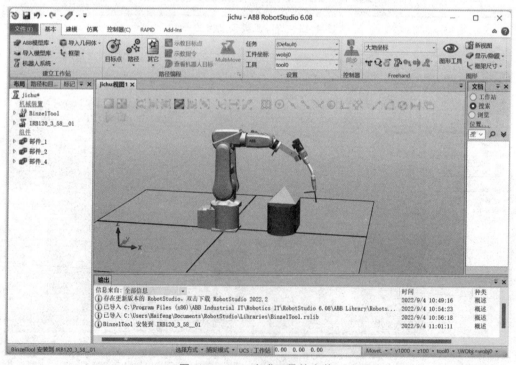

图 4 – 3 – 30　完成工具的安装

（6）完成工业机器人和工具模型的搭建之后，需要对工业机器人系统进行安装，选择"基本"→"机器人系统"→"从布局"命令，如图 4 – 3 – 31 所示。

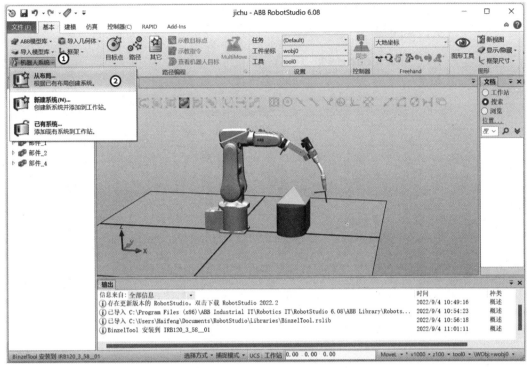

图 4 - 3 - 31　安装机器人系统

（7）在"从布局创建系统"对话框中，将 System 名称更改为"jichu 1"，并且选择 Ro-
botWare 为"6. 04. 01. 00"，并单击"下一个"按钮，如图 4 - 3 - 32 所示。在弹出的如
图 4 - 3 - 33 所示的对话框中，单击"下一个"按钮。

图 4 - 3 - 32　选择 RobotWare

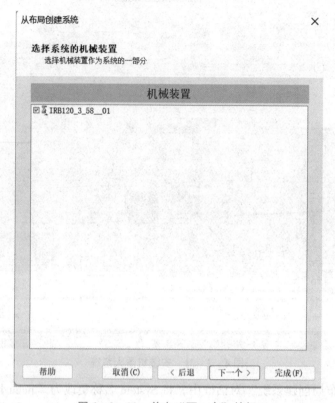

图 4 – 3 – 33　单击"下一个"按钮

（8）在系统选项配置参数中，单击"选项"按钮进行参数配置，如"Default Language"可进行默认语言的配置，可以选择"英文""中文"等语种，如图 4 – 3 – 34 所示。在此处将语言设置为"Chinese"，然后单击"确定"按钮，再单击"完成"按钮，如图 4 – 3 – 35 所示，完成系统参数设置。

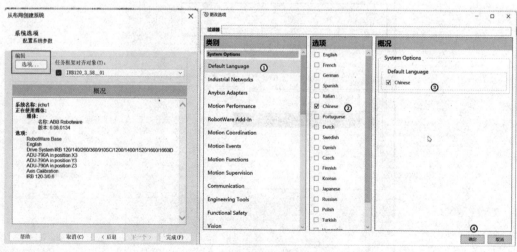

图 4 – 3 – 34　配置默认语言

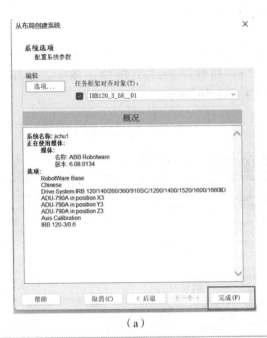

（a）

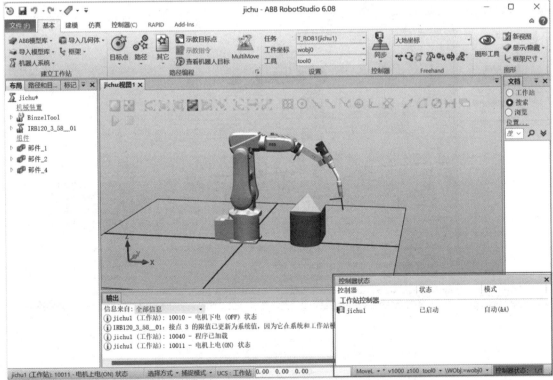

（b）

图 4 - 3 - 35　完成机器人系统参数配置

搭建工业机器人
基础工作站 –
Freehand 创建运动轨迹

三、Freehand 创建运动轨迹

Freehand 创建运动轨迹的步骤如下。

（1）选择"基础"→"路径"→"空路径"命令，创建名为 "Path_10"的路径，如图 4 – 3 – 36 所示。

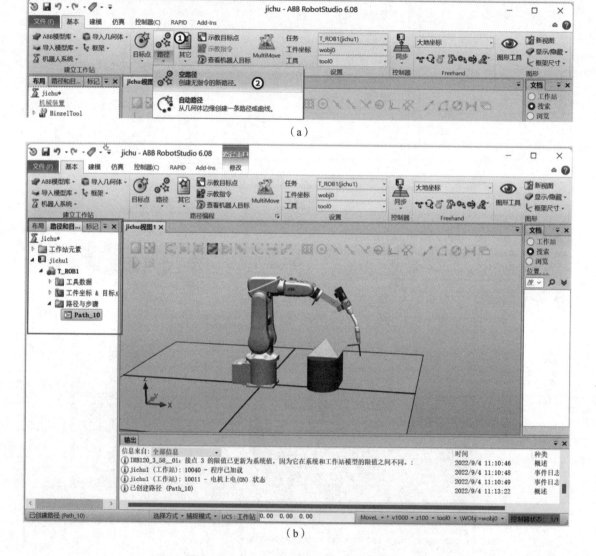

（a）

（b）

图 4 – 3 – 36　创建名为"Path_10"的路径

（2）由于此基础工作站所选择的工具"BinzelTool"为系统自带工具，其工具坐标系已经自带，此处不进行工具坐标系的建立，直接使用该工具自带工具坐标系。在"工具"列表中将坐标系改为"tWeldGun"，工件坐标默认使用"wobj0"，如图 4 – 3 – 37 所示，在 "Freehand"中选择"手动线性"后看到工具坐标已经在焊枪"BinzelTool"的末端显示出

来，并选择捕捉对象。

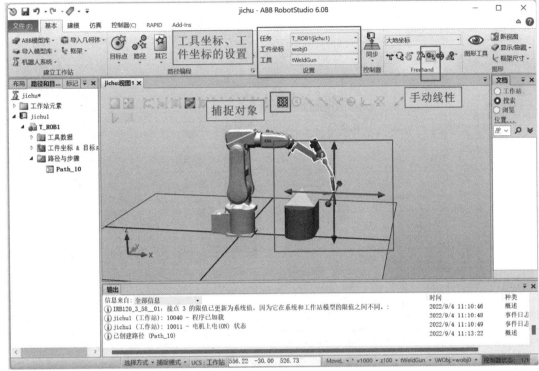

图4-3-37　更改工具坐标系并选择"手动线性"

（3）手动线性拖动焊枪，将其末端焊针对准基础工作站中的锥形尖点，如图4-3-38所示。

（4）在状态栏的当前指令处将"MoveL"修改为"MoveJ"，在资源管理器处右击"Path_10"，在弹出的快捷菜单中选择"插入运动指令"命令，如图4-3-39所示。

（5）在资源管理器处，单击"添加"，生成"点1"，如图4-3-40所示。单击"创建"，完成如图4-3-41所示的运动指令的插入。

（6）在资源管理器中的"MoveJ Target_10"处右击，在弹出的快捷菜单中选择"修改位置"命令，将锥形尖点的坐标位置记录在"MoveJ Target_10"之中，此时能够看到修改位置后的变化，如图4-3-42所示。

（7）工作站要完成直线运动，因此在状态栏的当前指令处将"MoveJ"修改为"MoveL"，再手动线性拖动焊枪到目标点，并在资源管理器处右击Path_10，插入运动指令并修改位置，如图4-3-43所示。使用同样的方法进行图4-3-44所示的三角运动轨迹的创建。

（8）右击"Path_10"，在弹出的快捷菜单中选择"检查可达性"命令，对目标点进行可达性检测，在视图能看出目标点均能到达，如图4-3-45所示。

（9）右击"Path_10"，将其设置为仿真进入点，如图4-3-46所示。在"MoveJ Target_10"处右击，在弹出的快捷菜单中选择"执行移动指令"命令，将焊枪指针移动到锥形尖点处，如图4-3-47所示。

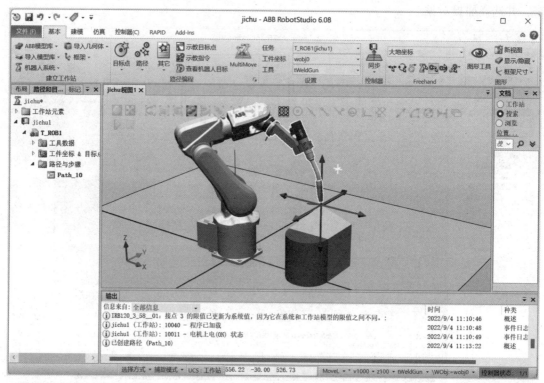

图 4 – 3 – 38　手动线性拖动焊枪

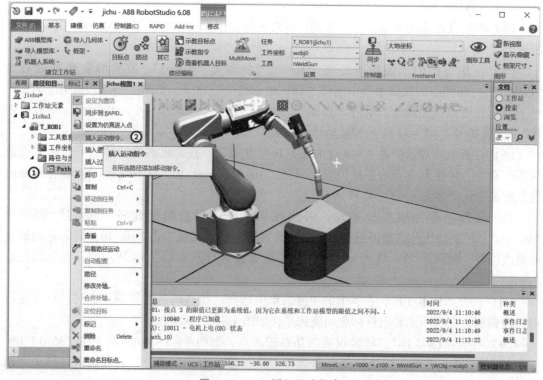

图 4 – 3 – 39　插入运动指令

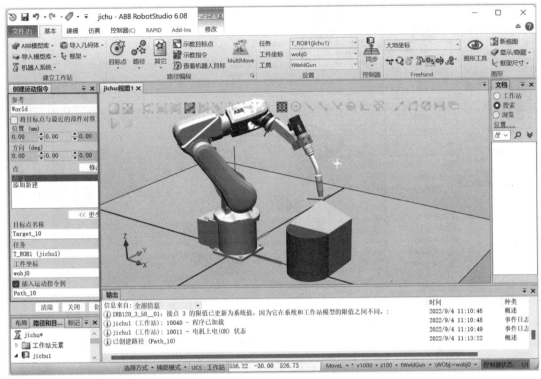

图 4 - 3 - 40　生成"点 1"

图 4 - 3 - 41　运动指令插入完成

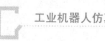

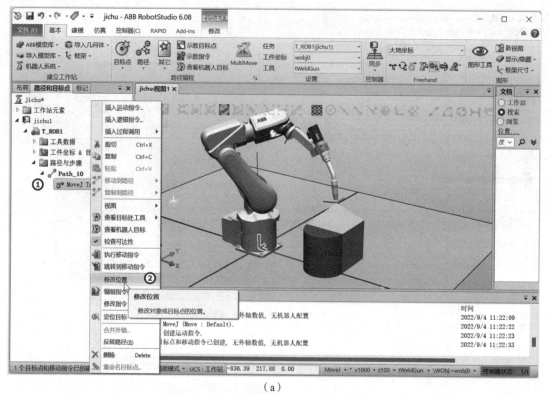

（a）

（b）

图 4 - 3 - 42　修改位置 Target_10

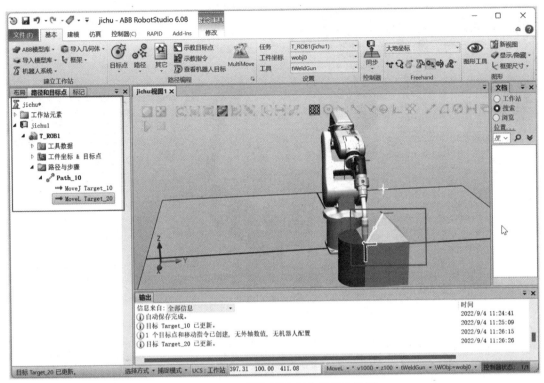

图4-3-43 插入运动指令并修改位置

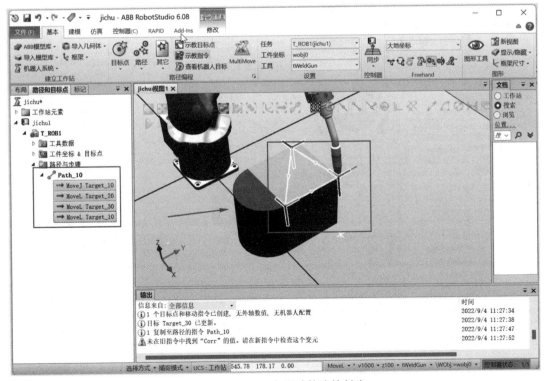

图4-3-44 三角运动轨迹的创建

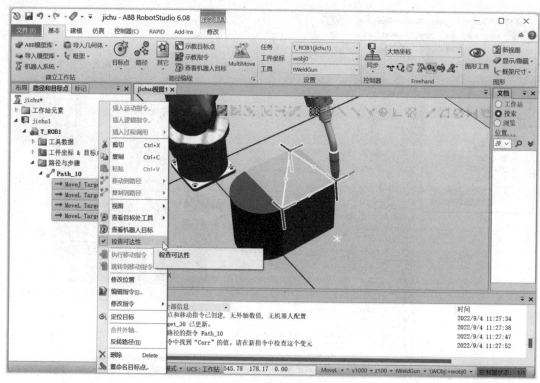

图 4 - 3 - 45 检查可达性

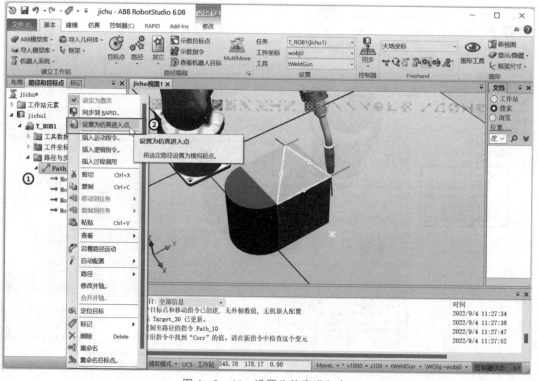

图 4 - 3 - 46 设置为仿真进入点

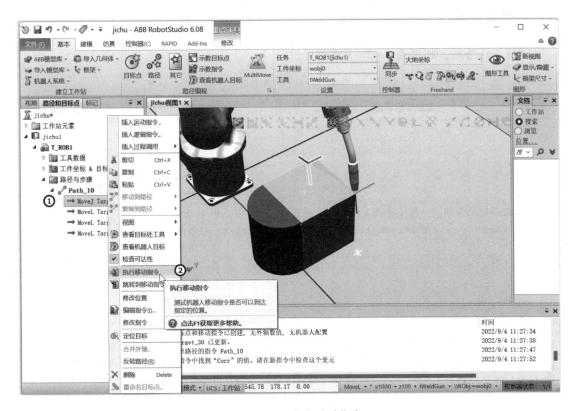

图 4 – 3 – 47 执行移动指令

硬件概念和 RobotWare 版本

1. 控制模块

控制模块包含控制操纵器动作的主要计算机，其中包括 RAPID 的执行和信号处理。一个控制模块可以连接至 1~4 个驱动模块。

2. FlexController

FlexController 为 IRC5 机器人的控制器机柜。它包含供系统中每个机器人操纵器使用的一个控制模块和一个驱动模块。

3. FlexPendant

FlexPendant 为与控制模块相连的编程操纵台。

4. 工具

工具是安装在机器人操纵器上，执行特定任务，如抓取、切削或焊接的设备。

5. RobotWare 版本

每个 RobotWare 版本都有一个主版本号和一个次版本号，两个版本号之间使用一个点（.）进行分隔。支持 IRC5 的 RobotWare 版本是 . ××，其中 ×× 表示次版本号。每当 ABB 发布新型号机器人时，会发布新的 RobotWare 版本为新机器人提供支持。

任务评价

完成本任务后，利用表4-3-1进行评价。

表4-3-1 任务评价表

任务评价	专业知识评价（60分）			过程评价（30分）	素养评价（10分）
	搭建基础模型的方法（20分）	布局基础工作站的方法（20分）	运用 Freehand 创建运动轨迹（20分）	穿戴工装、整洁（6分）； 具有安全意识、责任意识、服从意识（6分）； 与教师、其他成员之间有礼貌地交流、互动（9分）； 能积极主动参与、实施检测任务（9分）	能做到安全生产、文明操作、保护环境、爱护公共设施设备（5分）； 工作态度端正，无无故缺勤、迟到、早退现象（5分）

学习评价	自我评价（5分）	学生互评（5分）	教师评价（10分）	自我评价（5分）	学生互评（5分）	教师评价（10分）	自我评价（5分）	学生互评（5分）	教师评价（10分）	自我评价（10分）	学生互评（10分）	教师评价（10分）	自我评价（3分）	学生互评（3分）	教师评价（4分）
评价得分															
得分汇总															
学生小结															
教师点评															

任务四　工业机器人手动操作

任务描述

手动操作机器人运动共有 3 种模式：单轴运动、线性运动和重定位运动。通过本任务的学习，理解单轴运动、线性运动、重定位运动，理解不同模式下的运动模式，以及在不同坐标系下的运动。

（1）单轴运动模式下，将工业机器人手动调整到各轴固定的角度。

（2）线性运动模式下，将工业机器人沿着 X、Y、Z 3 个轴正、负方向运行运动。

（3）重定位运动模式下，将工业机器人在工件坐标系"tWeldGun""tool0"下进行重定位运动。

任务目标

（1）掌握单轴运动模式下调整各轴角度的方法。

（2）掌握线性运动模式下调整 X、Y、Z 3 个方向运动的方法。

（3）掌握重定位模式下工业机器人的运动方式。

（4）掌握不同增量模式配合多种运动模式进行快速调整工业机器人姿态的方法。

任务准备

当前用于生产的机器人都需要通过示教器对其进行手动示教，控制机器人到达指定位置，并反复调整机器人的位置、运动状态，利用机器人编程语言进行在线编程，完成指定运动轨迹的重复回放，完成示教功能。在传统的工业机器人系统中，手持示教器对机器人工具坐标系或工件坐标系进行标定，或对指令文件的运动点位进行示教或确认时都涉及手动示教。因此，手动示教在机器人系统中起到了关键的作用。在机器人运动时需要手握使能器按钮，可在"电机开启"状态下通过控制杆对机器人进行操作。

1. 手动示教归类

手动示教主要划分为关节移动、直线移动两大类；而直线移动存在几种坐标系下的直线移动，如基坐标系、工具坐标系、工件坐标系等。

2. 操作方法

一般的操作方法是通过示教器的按键进行操作，因不同厂家使用或定制的区别，按键的功能有所区别，但基本脱离不了按键的复用功能。即在不同坐标系下，这些示教机器人的按键都代表不一样的功能。例如，在关节坐标系下，按键代表的是关节进行插补运动；在工件坐标系下，按键代表的是基于该工件坐标系下的直线运动。正常使用过程中，首先切换到手动模式，然后选择合适的坐标系，使能状态下按紧按键即可移动机器人。

3. 按键背后的轨迹规划算法

因厂家对算法的封闭，所以无从得知各大厂商的处理方式，但通过操作其机器人系统，亦可知其一二。以手动示教时关节规划为例：

（1）按下按键时，获取信号后，机器人该关节应该需要加速，此时加速时间的长短根据当前选用的速度比率、加速度比率、加加速度比率等确定；

（2）加速段结束后，进入匀速段；

（3）松下按键时，获取信号后，机器人该关节应该进行减速，直到停止，此时应以最大的减速度进行减速，目的是缩短释放按键到停止下来的时间。

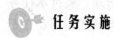**任务实施**

一、ABB 机器人操纵杆使用

控制杆的使用技巧：我们可以将机器人的控制杆比作汽车的油门，控制杆的操纵幅度是与机器人的运动速度相关的。操纵幅度较小则机器人运动速度较慢，操纵幅度较大则机器人运动速度较快。所以，在操作时，尽量以操纵小幅度使机器人慢慢运动，开始手动操纵学习。

如果对使用控制杆来控制机器人运动的方向不明确，可以先使用增量模式来确定机器人的运动方向。在示教目标点，如果快接近目标点时，可选择增量模式，使运动速度减慢。

增量模式操作步骤如下。

（1）将示教器置于"手动上电"状态，选定工业机器人工具坐标系"tWeldGun"，在"手动操纵"中，单击"增量模式"，如图4-4-1所示。

（2）在打开的"选择增量模式"界面，根据需要选择增量的移动距离，然后单击"确定"按钮，如图4-4-2所示。

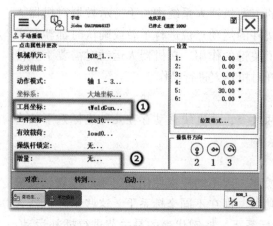

图4-4-1　增量模式

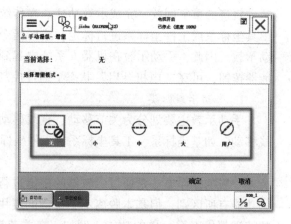

图4-4-2　选择增量模式

在增量模式下，控制杆每位移一次，机器人就移动一次。如果控制杆持续移动一秒或数秒钟，机器人就会持续移动。增量的移动距离和角度大小如表4-4-1所示。

表 4 - 4 - 1　增量的移动距离和角度大小

序号	增量	移动距离/mm	角度/(°)
1	小	0.05	0.005
2	中	1	0.02
3	大	5	0.2
4	用户	自定义	自定义

二、ABB 工业机器人手动操作控制

ABB 工业机器
人手动操作

1. 单轴运动的手动操作

六轴 ABB 机器人由 6 个伺服电动机分别驱动机器人的 6 个关节轴，手动操作关节轴的运动，称为关节运动。关节运动是每一个轴可以单独运动，所以在一些特殊的场合使用关节运动来操作会更方便，如在进行转数计算器更新时可以用关节运动的操作；机器人出现机械限位和软件限位时，也就是超出移动范围而停止时，可以利用关节运动的手动操作，将机器人移动到合适的位置。关节运动在进行粗略定位和比较大幅度的移动时，相比其他手动操作模式会方便快捷更多，其步骤如下。

（1）打开电源开关，等机器人开机后，将机器人控制柜上的机器人状态调整到中间挡位，即手动限速状态，如图 4 - 4 - 3 所示。

（2）在示教器触摸屏的状态栏中，确认机器人的状态为手动状态，如图 4 - 4 - 4 所示。

（3）单击"ABB"菜单，选择"手动操纵"选项。

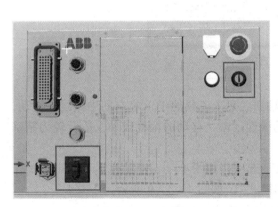

图 4 - 4 - 3　打开电源开关　　　　　　　　图 4 - 4 - 4　确认状态

（4）在"手动操纵"界面选择"动作模式"功能，如图 4 - 4 - 5 所示。

（5）在"动作模式"界面有 4 种动作模式，选择"轴 1 - 3"，单击"确定"按钮，就可以对机器人关节轴 1 - 3 进行操作。选择"轴 4 - 6"，单击"确定"按钮，就可以对机器人关节轴 4 - 6 进行操作，如图 4 - 4 - 6 所示。

图 4 - 4 - 5 选择"动作模式"

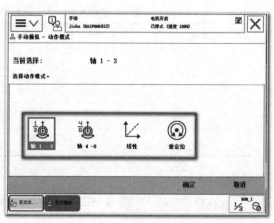

图 4 - 4 - 6 关节轴操作

（6）在正确手持示教器的情况下，用手按下使能器按钮，并在状态栏中确认机器人处于"电机开启"状态；手动操作机器人摇杆，使机器人关节轴运动，在示教器触摸屏右下角显示的操纵杆方向即为关节轴 1 - 3 操纵杆的方向，箭头方向代表正方向，如图 4 - 4 - 7 所示。

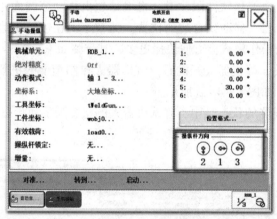

图 4 - 4 - 7 方向选择

2. 线性运动的手动操作

机器人的线性运动是指安装在机器人第 6 轴法兰盘上工具的 TCP 在空间中做线性运动。线性运动是工具的 TCP 在空间 X、Y、Z 坐标的线性运动，移动的幅度较小，适合较为精确的定位和移动，其操作步骤如下。

（1）单击"ABB"菜单，选择"手动操纵"选项，如图 4 - 4 - 8 所示。

（2）在"手动操纵"界面中，选择"动作模式"，如图 4 - 4 - 9 所示。

（3）在动作模式中选择"线性"，单击"确定"按钮，如图 4 - 4 - 10 所示。

（4）机器人的线性运动要在工具坐标中指定对应的工具，单击"手动操纵"界面中的"工具坐标"，如图 4 - 4 - 11 所示。

（5）选择对应的工具"tool1"，单击"确定"按钮，如图 4 - 4 - 12 所示。

（6）按下使能器按钮，使其处于第一挡状态，并在状态栏中确定已正确进入"电机开启"状态，如图 4 - 4 - 13 所示；手动操作机器人控制手柄，完成 X 轴、Y 轴、Z 轴的线性运动。

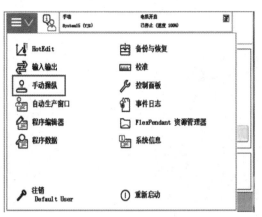

图 4 - 4 - 8　选择"手动操纵"选项

图 4 - 4 - 9　选择"动作模式"

图 4 - 4 - 10　选择"线性"

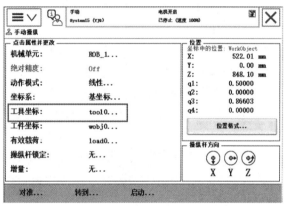

图 4 - 4 - 11　选择"工具坐标"

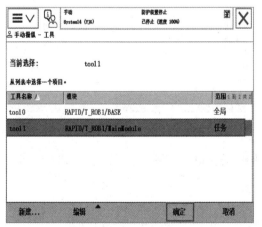

图 4 - 4 - 12　工具选择

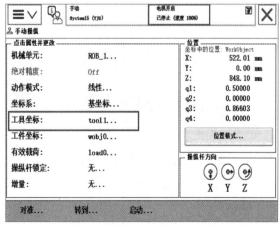

图 4 - 4 - 13　进入"电机开启"状态

（7）操纵示教器上的控制杆，工具的 TCP 点在空间中做线性运动，如图 4 - 4 - 14
所示。

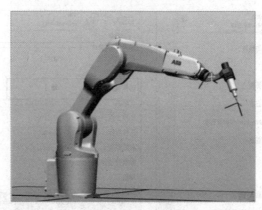

图 4 - 4 - 14 线性运动

3. 重定位运动的手动操作

机器人的重定位运动是指机器人第 6 轴法兰盘上的工具 TCP 点在空间中绕着坐标轴旋转的运动，也可以理解为机器人绕着工具 TCP 点做姿态调整运动。重定位运动的手动操作会更全方位地移动和调整。其操作步骤如下。

（1）单击 "ABB" 菜单，选择 "手动操纵" 选项。

（2）选择 "动作模式"。

（3）在 "动作模式" 界面中选择 "重定位"，单击 "确定" 按钮，如图 4 - 4 - 15 所示。

（4）选择 "坐标系"，如图 4 - 4 - 16 所示。

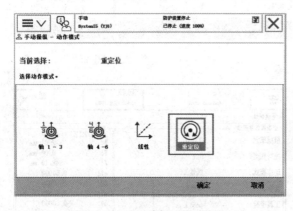

图 4 - 4 - 15 选择 "重定位"

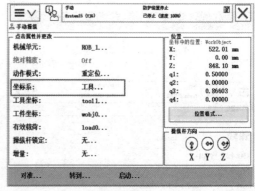

图 4 - 4 - 16 选择 "坐标系"

（5）在 "坐标系" 界面中，选择 "工具" 坐标系，单击 "确定" 按钮，如图 4 - 4 - 17 所示。

（6）选择 "工具坐标"。

（7）选择正在使用的工具 "tool1"，单击 "确定" 按钮，如图 4 - 4 - 18 所示。

（8）按下使能器按钮，使其处于第一挡位，并在示教器状态栏中确认已进入 "电机开启" 状态，如图 4 - 4 - 19 所示。

（9）手动操作示教器摇杆，完成机器人绕着工具 TCP 点做姿态调整的运动，如图 4 - 4 - 20 所示。

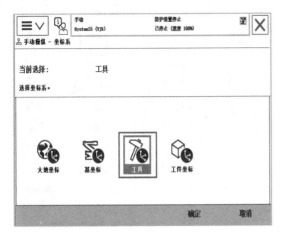

图 4 – 4 – 17 选择"工具"坐标系

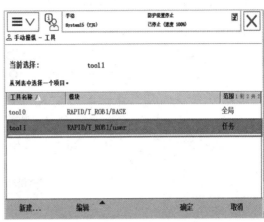

图 4 – 4 – 18 选择工具"tool1"

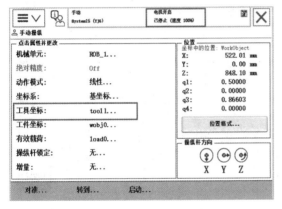

图 4 – 4 – 19 确认"电机开启"状态

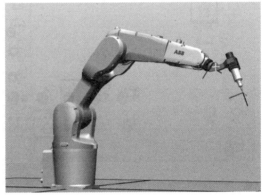

图 4 – 4 – 20 手动操作示教器摇杆

4. 手动操纵的快捷操作

在示教器的操作面板上设有关于手动操纵的快捷键,方便在操作机器人运动时使用。

利用快捷键可进行机器人外轴的切换、线性运动和重定位运动的切换、关节运动轴 1 – 3 轴和 4 – 6 轴的切换,以及增量运动的开关。其操作步骤如下。

(1)单击屏幕右下角的快捷菜单按钮,如图 4 – 4 – 21 所示。

(2)单击"机械单元"按钮,弹出相应的菜单,如图 4 – 4 – 22 所示。

(3)单击"显示详情"按钮展开菜单,可以对当前的"工具数据""工具坐标""操纵杆速度""增量开/关""坐标系选择""动作模式选择"进行设置,如图 4 – 4 – 23 所示。

(4)单击"增量模式"按钮,选择需要的增量。如果是自定义增量值,先可以选择"用户模式",然后单击"显示值"按钮,就可以进行增量值的自定义,如图 4 – 4 – 24 所示。

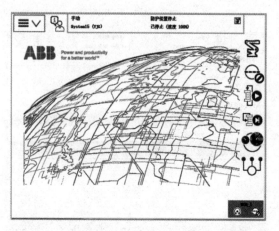

图 4 – 4 – 21　快捷菜单按钮

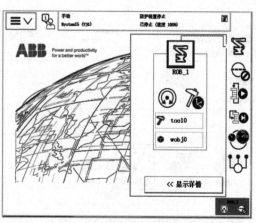

图 4 – 4 – 22　单击"机械单元"按钮

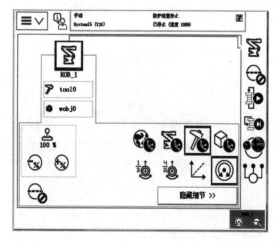

图 4 – 4 – 23　展开菜单

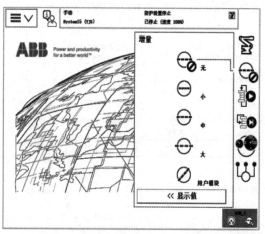

图 4 – 4 – 24　单击"增量模式"按钮

任务评价

完成任务后，利用表 4 – 4 – 2 进行评价。

表 4 – 4 – 2　任务评价表

	专业知识评价（60分）			过程评价（30分）	素养评价（10分）
任务评价	单轴运动模式下调整各轴角度（20分）	线性运动模式下调整 X、Y、Z 3 个方向的运动（20分）	重定位模式下工业机器人的运动方式（20分）	穿戴工装、整洁（6分）； 具有安全意识、责任意识、服从意识（6分）； 与教师、其他成员之间有礼貌地交流、互动（9分）； 能积极主动参与、实施检测任务（9分）	能做到安全生产、文明操作、保护环境、爱护公共设施设备（5分）； 工作态度端正，无无故缺勤、迟到、早退现象（5分）

续表

学习评价	自我评价(5分)	学生互评(5分)	教师评价(10分)	自我评价(5分)	学生互评(5分)	教师评价(10分)	自我评价(5分)	学生互评(5分)	教师评价(10分)	自我评价(10分)	学生互评(10分)	教师评价(10分)	自我评价(3分)	学生互评(3分)	教师评价(4分)
评价得分															
得分汇总															
学生小结															
教师点评															

任务五　建立工业机器人工具坐标系

任务描述

在任务四的基础之上，通过六点法使用焊枪工具模拟创建工业机器人工具坐标，工具坐标名称为"hanqiang"，并且对已经创建的工具坐标系进行验证。

任务目标

（1）掌握创建工具坐标系的方法。

（2）掌握工具坐标系的验证方法。

（3）通过创建工具坐标系进一步熟悉示教器的使用方法。

任务准备

工具坐标系将 TCP 设为零位，由此定义工具的位置和方向。执行程序时，机器人就是将 TCP 移至编程位置。这意味着，如果要更改工具，机器人的移动将随之更改，以便新的 TCP 能到达目标。所有机器人在手腕处都有一个预定义的工具坐标系，该坐标系被称为 tool0，设定新的工具坐标系其实是将一个或多个新工具坐标系定义为 tool0 的偏移值。不同应用的机器人应该配置不同的工具，如焊接机器人使用焊枪作为工具，而用于小零件分拣的机器人使用夹具作为工具。

TCP 的设定方法包括 $N(3 \leqslant N \leqslant 9)$ 点法、TCP 和 Z 法及 TCP 和 Z，X 法。

（1）$N(3 \leqslant N \leqslant 9)$ 点法：机器人的 TCP 以 N 种不同的姿态同参考点接触，得出多组解，通过计算得当前 TCP 与机器人安装法兰盘中心点（tool0）相应位置，其坐标系方向与 tool0 方向一致。

（2）TCP 和 Z 法：在 N 点法基础上，增加 Z 点与参考点的连线为坐标系 Z 轴的方向，改变了 tool0 的 Z 轴的方向。

（3）TCP 和 Z，X 法：在 N 点法基础上，增加 X 点与参考点的连线作为坐标系 X 轴的方向，Z 点与参考点的连线为坐标系 Z 轴的方向，改变了 tool0 的 X 轴和 Z 轴的方向。

设定工具数据 tooldada 的方法通常采用 TCP 和 Z，X 法（$N=4$），又称六点法，其设定原理如下。

（1）在机器人工作范围内找一个非常精准的固定点，一般用 TCP 基准针上的尖点作为参考点。

（2）在工具上选择确定工具中心点的参考点。

（3）用手动操作机器人的方法去移动工具上的参考点，以 4 种以上不同的机器人姿态尽可能与固定点刚好碰上，前 3 个点的姿态相差尽量大些，这样有利于 TCP 精度的提高。第四点是用工具的参考点垂直于固定点，第五点是工具参考点从固定点向将要设定为 TCP 的 X 方向移动，第六点是工具参考点从固定点向将要设定为 TCP 的 Z 方向移动。

机器人通过这 4 个位置点的位置数据计算求得 TCP 的数据，然后 TCP 的数据就保存在 tooldada 这个程序数据中，可被程序调用。

任务实施

一、使用六点法创建工具坐标系

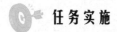

工业机器人
工具坐标系的建立

下面就以六点法为例进行工具坐标系的设定。

此设置一共分为 3 步，即进入工具坐标系、TCP 点定义和测试工具坐标系准确性，设定工具坐标系步骤如下。

（1）在"shoudong"工作站内，打开"控制器"选项卡，单击"示教器"下拉菜单内的虚拟控制器，如图 4-5-1 所示。

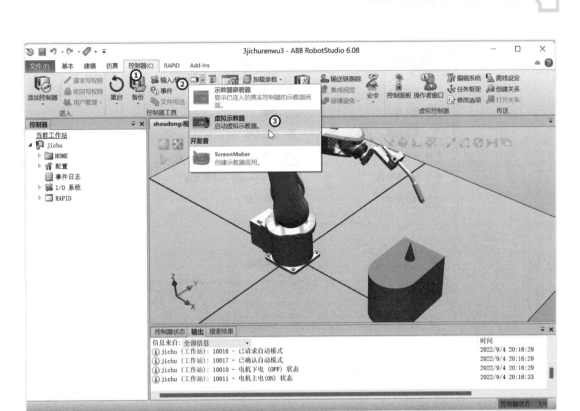

图 4 - 5 - 1 打开虚拟控制器

（2）在虚拟示教器上打开模式选择开关，将模式选择到手动操作，并单击"Enable"按钮使电动机上电，如图 4 - 5 - 2 所示。

图 4 - 5 - 2 使电动机上电

（3）在手动状态下，单击示教器上"ABB"菜单，选择"手动操纵"或"程序数据"，再选择"toaldata"，如图 4 - 5 - 3 所示。

（4）单击"新建"按钮，新建工具坐标系，如图 4 - 5 - 4 所示。

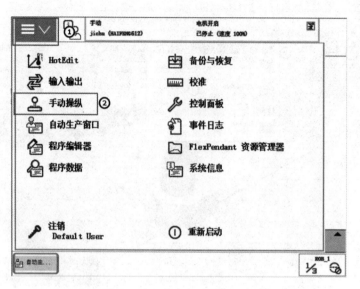

图 4 - 5 - 3　手动操纵

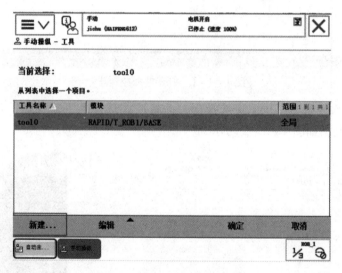

图 4 - 5 - 4　新建工具坐标系

（5）在打开的"新数据声明"界面中，可以对工具数据属性进行设定，单击"…"按钮，打开软键盘，单击可自定义更改工具名称，此处更改为"hanqiang"，然后单击"确定"按钮，如图 4 - 5 - 5 所示。图 4 - 5 - 5 中"hanqiang"为新建的工具坐标，单击"初始值"按钮进行设置。

（6）单击向下翻页按钮找到"mass"。其含义为对应工具的质量，单位为 kg。此处将mass 的值更改为 1.0，单击"mass"，在弹出的键盘中输入"1.0"，单击"确定"按钮，如图 4 - 5 - 6 所示。

（7）x、y、z 为工具中心基于 tool0 的偏移量，单位为 mm，此处中将 x 值更改为 - 112，y 值不变，z 值更改为 150，单击"确定"按钮，返回工具坐标系窗口，如图 4 - 5 - 7 所示。

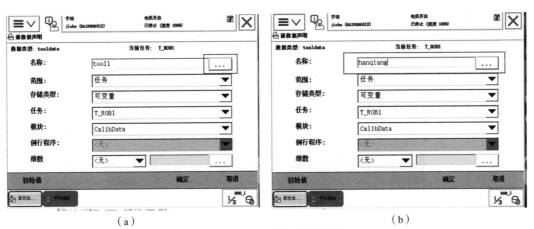

（a）　　　　　　　　　　　　　　（b）

图 4 - 5 - 5　工具数据属性设定

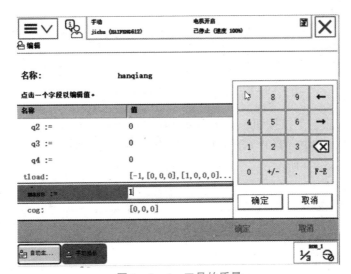

图 4 - 5 - 6　工具的质量

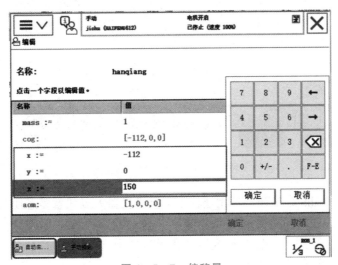

图 4 - 5 - 7　偏移量

（8）在"工具坐标"界面，选择新建的工具坐标系"hanqiang"，单击"编辑"按钮，在弹出的菜单栏中选择"定义"选项，如图4-5-8所示。

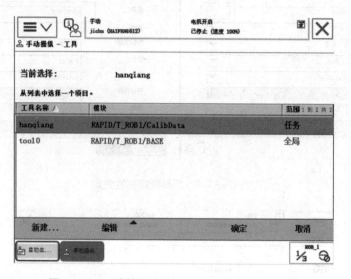

图4-5-8　选择新建的工具坐标系"hanqiang"

（9）单击"方法"下拉按钮，选择定义方法。在下拉菜单中"TCP和Z，X"是采用六点法来设定TCP，其中"TCP（默认方向）"为四点法设定TCP，"TCP和Z"为五点法设定TCP，如图4-5-9所示。

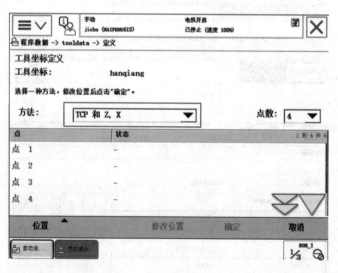

图4-5-9　选择定义方法

（10）单击"Enable"按钮，利用摇杆手动操纵机器人以任意姿态使工具参考点靠近并接触上锥形基准点尖点，再把当前位置作为第一点，如图4-5-10所示。

（11）确认第一点到达理想的位置后，在示教器上选择"点1"，再单击"修改位置"按钮，修改并保存当前位置，如图4-5-11所示。

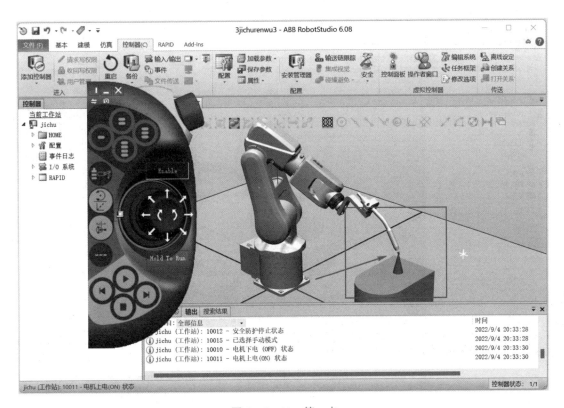

图 4 – 5 – 10 第一点

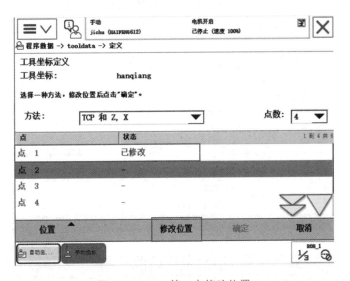

图 4 – 5 – 11 第一点修改位置

（12）利用摇杆手动操纵机器人交换另一个姿态，使工具参考点靠近并接触上锥形基准点尖点，把当前位置作为第二点（注意：机器人姿态变化越大，越有利于 TCP 点的标定），如图 4 – 5 – 12 所示。

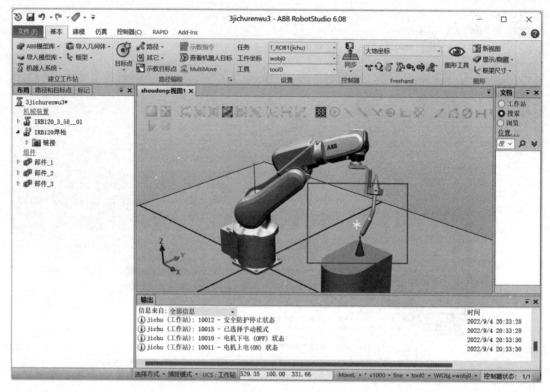

图 4 – 5 – 12　第二点

（13）确认第二点到达理想的位置后，在示教器上选择"点2"，然后单击"修改位置"按钮，修改并保存当前位置，如图 4 – 5 – 13 所示。

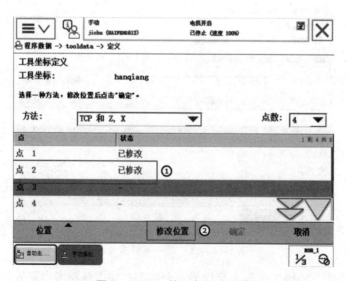

图 4 – 5 – 13　第二点修改位置

（14）利用摇杆手动操纵机器人变换另一个姿态，使用同样的方法，调整第三点维修位置并保存，如图 4 – 5 – 14 所示。

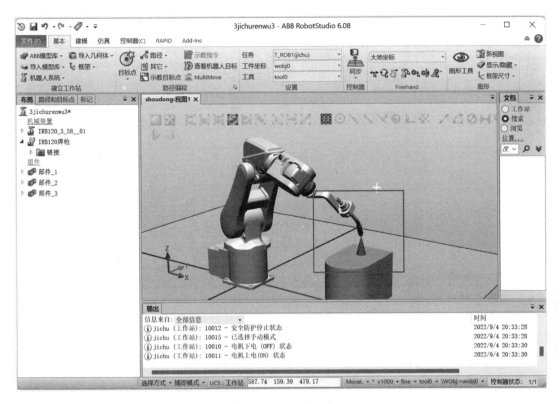

图 4－5－14　第三点

（15）确认第三点到达理想的位置后，在示教器上选择"点3"，然后单击"修改位置"按钮，修改并保存当前位置，如图 4－5－15 所示。

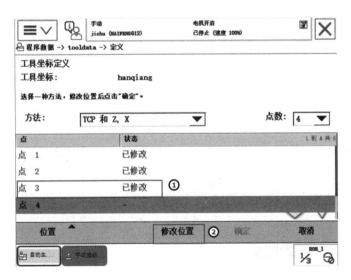

图 4－5－15　第三点修改位置

（16）手动操纵机器人使工具的参考点垂直接触上锥形基准点尖点，如图 4－5－16 所示，把当前位置作为第四点。

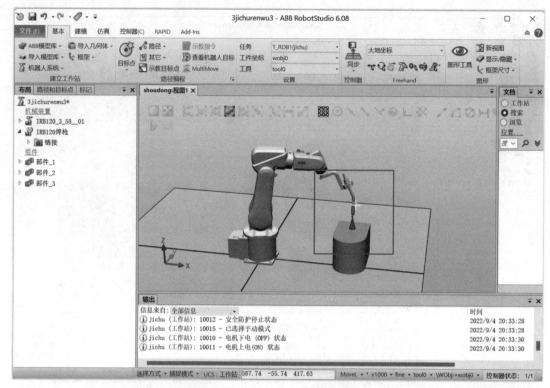

图 4 - 5 - 16　第四点

提示：此处一定谨记工具参考点要垂直接触锥形基准点尖点才可以进行修改位置。

（17）确认第四点到达理想的位置后，在示教器上选择"点4"，然后单击"修改位置"按钮，修改并保存当前位置，如图 4 - 5 - 17 所示。

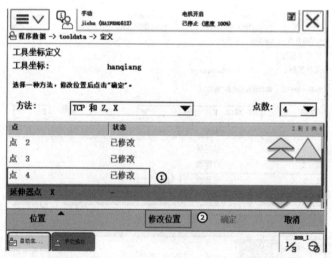

图 4 - 5 - 17　第四点修改位置

（18）以"点4"为固定点，在"线性"模式下，手动操纵机器人运动向前移动一定距离，作为 + X 方向，如图 4 - 5 - 18 所示。

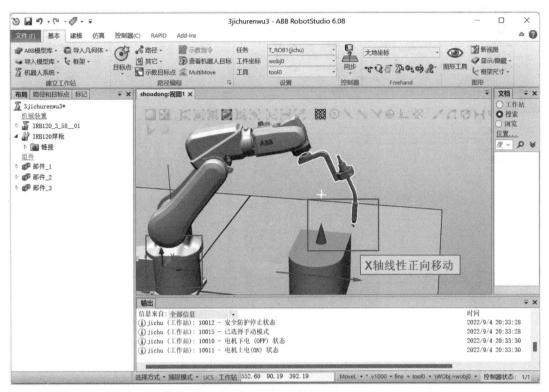

图 4 – 5 – 18　延伸器点 X

（19）在示教器操作窗口选择"延伸器点 X"，然后单击"修改位置"按钮，修改并保存当前位置（使用四点法、五点法设定 TCP 时不用设定此点），如图 4 – 5 – 19 所示。

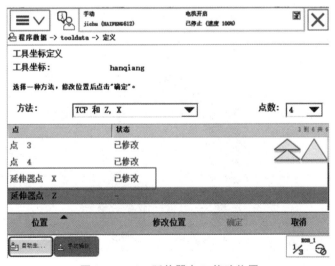

图 4 – 5 – 19　延伸器点 X 修改位置

（20）以"点 4"为固定点，在"线性"模式下，手动操纵机器人运动向上移动一定距离，作为 +Z 方向，如图 4 – 5 – 20 所示。选择"延伸器点 Z"，然后单击"修改位置"按钮，如图 4 – 5 – 21 所示。

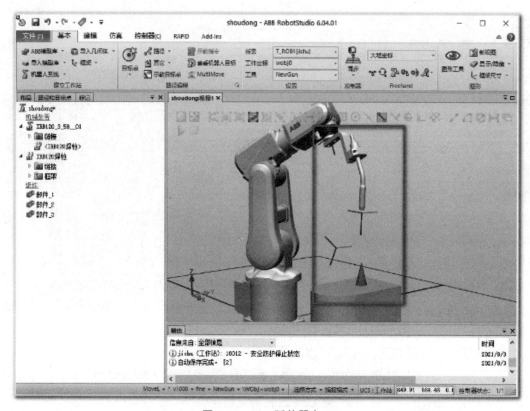

图 4 - 5 - 20　延伸器点 Z

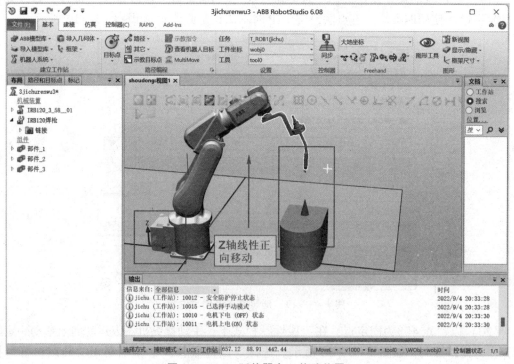

图 4 - 5 - 21　延伸器点 Z 修改位置

（21）机器人会根据所设定的位置自动计算 TCP 的标定误差，当平均误差在 0.5 mm 以内时，才可以单击"确定"按钮进入下一步，否则需要重新标定 TCP，如图 4 - 5 - 22 所示。

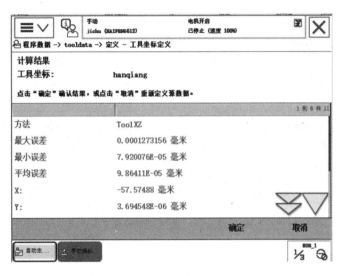

图 4 - 5 - 22　标定误差

二、验证工具坐标系

验证工具坐标系步骤如下。

（1）选择"hanqiang"，单击"确定"按钮，选定已经建立的工具坐标系，如图 4 - 5 - 23 所示。在"手动操纵"界面将"hanqiang"设定为工具坐标系，并选择"动作模式"，如图 4 - 5 - 24 所示。

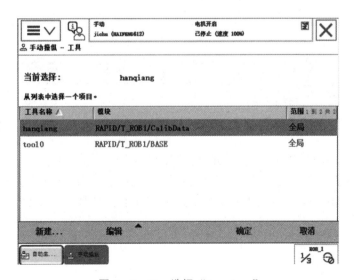

图 4 - 5 - 23　选择"hanqiang"

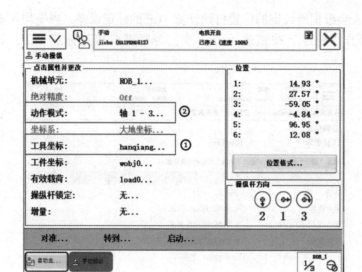

图 4 - 5 - 24　选择 "动作模式"

（2）在 "动作模式" 界面中，选择 "重定位"，单击 "确定" 按钮，返回 "手动操纵" 界面，如图 4 - 5 - 25 所示。

图 4 - 5 - 25　选择 "重定位"

（3）单击 "Enable" 按钮，将工具焊枪工作点对准锥形基准点尖点，用手拨动机器人手动操纵摇杆，检测机器人是否围绕 TCP 运动。如果机器人围绕 TCP 运动，则 TCP 标定成功；如果没有围绕 TCP 运动或距离运动过程远离基准点，则需要重新验证工具坐标系，如图 4 - 5 - 26 所示。

任务评价

完成任务后，利用表 4 - 5 - 1 进行评价。

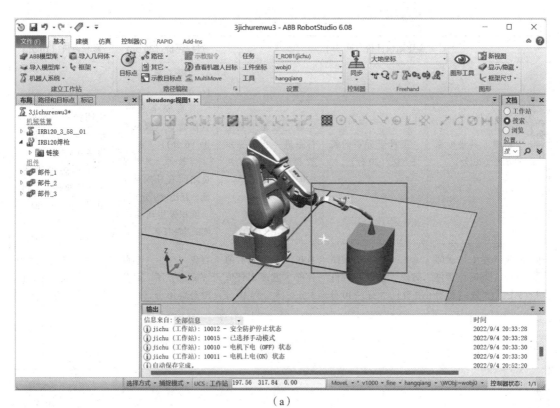

（a）

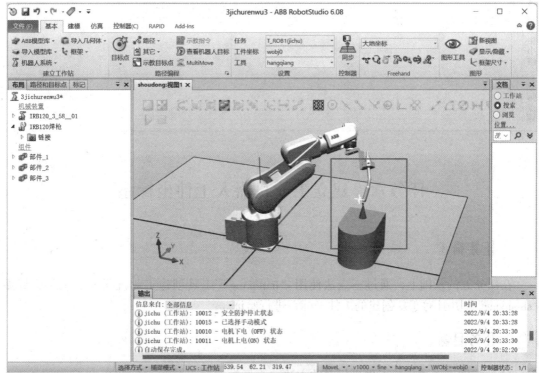

（b）

图 4－5－26　验证工具坐标系

表4-5-1 任务评价表

任务评价	专业知识评价（60分）									过程评价（30分）			素养评价（10分）		
	创建工具坐标系的方法（20分）			工具坐标系的验证方法（20分）			通过创建工具坐标系进一步熟悉示教器的使用方法（20分）			穿戴工装、整洁（6分）；具有安全意识、责任意识、服从意识（6分）；与教师、其他成员之间有礼貌地交流、互动（9分）；能积极主动参与、实施检测任务（9分）			能做到安全生产、文明操作、保护环境、爱护公共设施设备（5分）；工作态度端正，无无故缺勤、迟到、早退现象（5分）		
学习评价	自我评价（5分）	学生互评（5分）	教师评价（10分）	自我评价（5分）	学生互评（5分）	教师评价（10分）	自我评价（5分）	学生互评（5分）	教师评价（10分）	自我评价（10分）	学生互评（10分）	教师评价（10分）	自我评价（3分）	学生互评（3分）	教师评价（4分）
评价得分															
得分汇总															
学生小结															
教师点评															

任务六　建立工业机器人工件坐标系

任务描述

在任务五的基础上，通过三点法使用"hanqiang"工具创建工业机器人的工件坐标系"shoudong"，并且对于新创建的工件坐标系进行验证。

任务目标

（1）掌握三点法创建工件坐标系的方法。

（2）掌握验证工件坐标系的方法。

工业机器人
工件坐标系的建立

任务准备

工件坐标系设定时，通常采用三点法，只需在对象表面位置或工件边缘角位置上，通过 3 个点的位置来创建一个工件坐标系。其设定原理如下：

（1）$X1$ 和 $X2$ 的连线确定工件坐标系 X 轴正方向；

（2）$Y1$ 确定工件坐标系 Y 轴正方向；

（3）工件坐标原点是 $Y1$ 在工件坐标系 X 轴上的投影。

任务实施

一、三点法创建工件坐标系

三点法创建工件坐标系步骤如下。

（1）在"手动操纵"界面单击"工件坐标"，在该界面单击"新建"按钮，如图 4 - 6 - 1 所示。

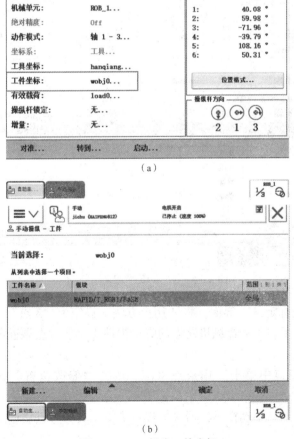

（a）

（b）

图 4 - 6 - 1　新建工件坐标

149

（2）对工件数据属性进行设定，可单击"…"按钮，对工件坐标进行重命名，此处更改为"shoudong"，单击"确定"按钮，如图 4 - 6 - 2 所示。

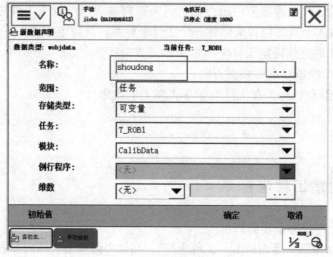

图 4 - 6 - 2　重命名工件坐标

（3）选定"shoudong"工件坐标系，单击"编辑"按钮，在弹出的菜单栏中单击"定义"按钮，如图 4 - 6 - 3 所示。

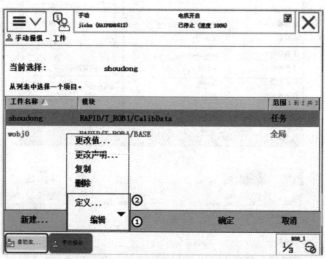

图 4 - 6 - 3　单击"定义"按钮

（4）在"工件坐标定义"界面，将"用户方法"设定为"3 点"，如图 4 - 6 - 4 所示。

（5）在手动模式下，手动操纵机器人的焊枪尖端工具参考点靠近定义坐标的 $X1$ 点，如图 4 - 6 - 5 所示。

（6）在示教器窗口中单击"用户点 X1"，单击"修改位置"按钮，如图 4 - 6 - 6 所示。

（7）在手动模式下，手动操纵机器人的焊枪尖端工具参考点靠近定义坐标的 $X2$ 点，如图 4 - 6 - 7 所示。

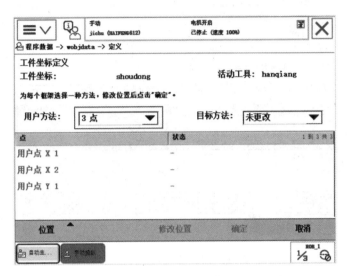

图 4 - 6 - 4　设定"用户方法"

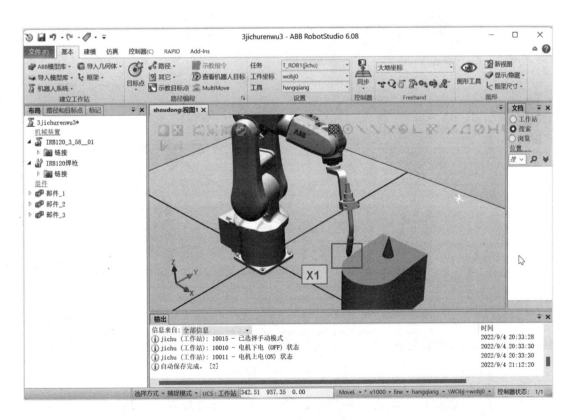

图 4 - 6 - 5　定义 X1 点

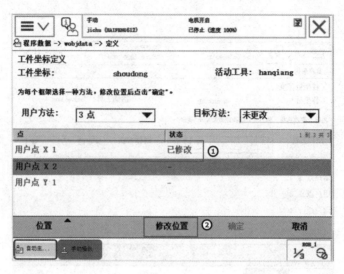

图 4 - 6 - 6 X1 点修改位置

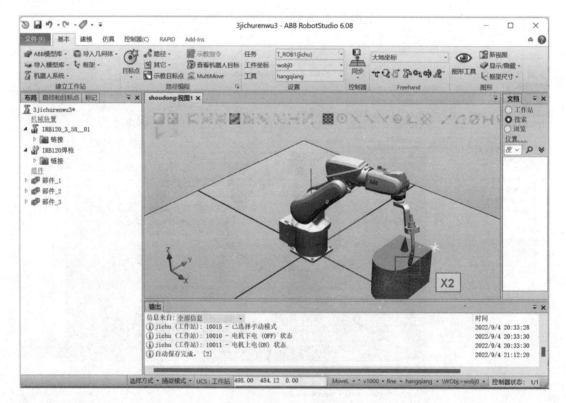

图 4 - 6 - 7 定义 X2 点

（8）在示教器窗口中单击"用户点 X2"，单击"修改位置"按钮，如图 4 - 6 - 8 所示。

（9）在手动模式下，操纵机器人的工具参考点靠近定义坐标的 Y1 点，如图 4 - 6 - 9 所示。

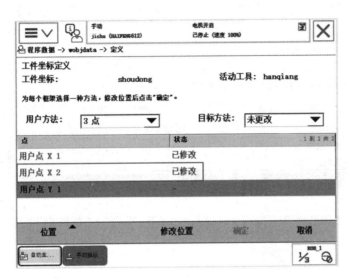

图 4-6-8　X2 点修改位置

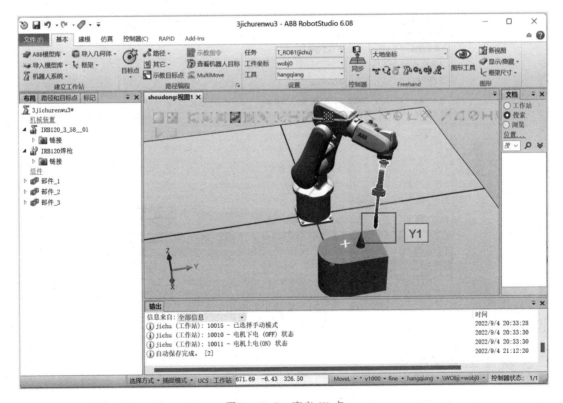

图 4-6-9　定义 Y1 点

（10）在示教器窗口中单击"用户点 Y1"，单击"修改位置"按钮，单击"确定"按钮，完成工件坐标定义，如图4-6-10和图4-6-11所示。

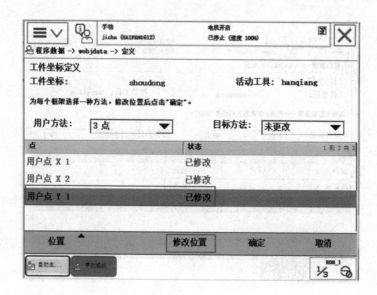

图 4 - 6 - 10　Y1 点修改位置

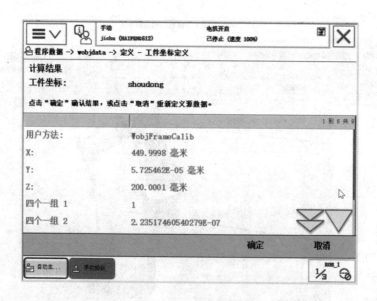

图 4 - 6 - 11　完成工件坐标定义

二、验证工件坐标系

　　验证工件坐标系的准确性，在"手动操纵"界面将"动作模式"选为"线性"，"坐标系"选为"工件坐标"。其"工具坐标"选为"hanqiang"，"工件坐标"选为新建的工件坐标系"shoudong"。按下使能器按钮，用手拨动机器人手动操纵摇杆，观察在工件坐标系下移动的方式，如图 4 - 6 - 12 所示。

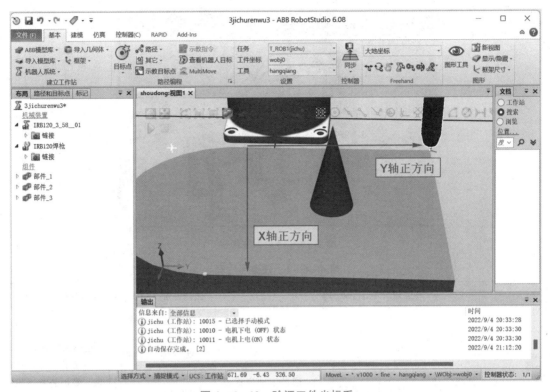

图 4 - 6 - 12　验证工件坐标系

任务拓展

大家用尺子进行测量的时候，会将尺子上零刻度的位置作为测量对象的起点。在工业机器人中，在工作对象上进行操作的时候，也需要一个像尺子一样的零刻度作为起点，方便进行编程和坐标的偏移计算。因此，需要建立工件坐标系。

机器人进行编程时就是在工件坐标系中创建目标和路径，这样做有以下优点：

（1）重新定位工作站中的工件时，只需更改工件坐标系的位置，则所有路径将即刻随之更新；

（2）允许操作以外部轴或传送导轨移动的工件，因为整个工件可连同其路径一起移动。

工件坐标系用来定义一个平面，机器人的 TCP 在这个平面内做轨迹运动。在 ABB 机器人中，工件坐标系被称为"work object data"，简写为"wobjdata"。例如，在图 4 - 6 - 13 中，定义好工件坐标系 wobj1，对桌面工件的运动轨迹编程完成之后，如果桌子移动，只需要更改 wobj1 的值，之前的桌面工件运动轨迹就无须重新编程了。

由于工件移动或工作台移动导致必须更换程序，可以灵活运用工件坐标系来解决，以此来避免大量更改已经完成的程序，这样大大提高了效率，并且确保了程序的准确性。

任务评价

完成任务后，利用表 4 - 6 - 1 进行评价。

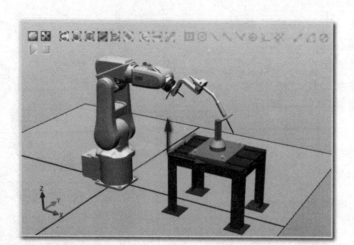

图 4-6-13 工件坐标

表 4-6-1 任务评价表

任务评价	专业知识评价（60分）			过程评价（30分）	素养评价（10分）
	三点法创建工件坐标系的方法（20分）	验证工件坐标系的方法（20分）	通过工件坐标系的创建熟悉示教器的使用（20分）	穿戴工装、整洁（6分）； 具有安全意识、责任意识、服从意识（6分）； 与教师、其他成员之间有礼貌地交流、互动（9分）； 能积极主动参与、实施检测任务（9分）	能做到安全生产、文明操作、保护环境、爱护公共设施设备（5分）； 工作态度端正，无无故缺勤、迟到、早退现象（5分）

学习评价	自我评价（5分）	学生互评（5分）	教师评价（10分）	自我评价（5分）	学生互评（5分）	教师评价（10分）	自我评价（5分）	学生互评（5分）	教师评价（10分）	自我评价（10分）	学生互评（10分）	教师评价（10分）	自我评价（3分）	学生互评（3分）	教师评价（4分）
评价得分															
得分汇总															
学生小结															
教师点评															

模块五

工业机器人典型工作站编程应用与仿真

思维导图

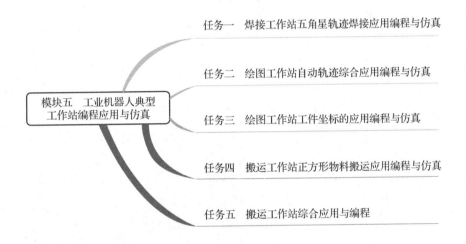

模块五 工业机器人典型
工作站编程应用与仿真

任务一 焊接工作站五角星轨迹焊接应用编程与仿真

任务二 绘图工作站自动轨迹综合应用编程与仿真

任务三 绘图工作站工件坐标的应用编程与仿真

任务四 搬运工作站正方形物料搬运应用编程与仿真

任务五 搬运工作站综合应用与编程

任务一 焊接工作站五角星轨迹焊接应用编程与仿真

任务描述

通过正确使用 RobotStudio 的仿真软件，根据建模的环境，运用 MoveL 基本运动指令进行五角星图形的轨迹仿真。在搭建工作站仿真过程中需要建立焊枪工具坐标系、建立焊台工件坐标系、完成程序的编写与调试以及最终将工作站进行打包及录制视频。

任务目标

（1）掌握 MoveL、MoveJ 等主要指令的使用方法。

（2）掌握创建工具坐标系的方法。

（3）掌握创建工件坐标系的方法。

（4）掌握通过 RobotStudio 环境下轨迹点位的示教及编程。

（5）掌握程序调试的方法。

（6）了解工业机器人进行焊接作业的工艺要求。

五角星轨迹
焊接——工具
坐标系的建立

任务实施

一、工具坐标系的建立

以 TCP 和 Z，X 法（又称六点法）为例进行工具数据的设定，步骤如下。

（1）在 RobotStudio 软件中的"控制器"选项卡，单击"示教器"中的"虚拟示教器"，如图 5 - 1 - 1 所示。

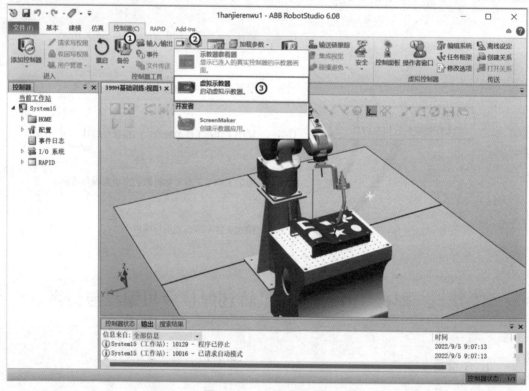

图 5 - 1 - 1　虚拟示教器

（2）在虚拟示教器中单击"模式选择"按钮，将工业机器人置于手动模式，单击"Enable"按钮使工业机器人电动机上电，如图 5 - 1 - 2 所示。

（3）在手动状态下，单击示教器上"ABB"菜单，选择"手动操纵"，再选择"工具坐标"，如图 5 - 1 - 3 所示。

（4）在工具坐标界面能够看到有一个"tool0"，这是工业机器人自带的默认工具法兰盘工具坐标系，这里需要重新创建一个工具坐标系，因此，单击"新建"按钮新建工具坐标系，如图 5 - 1 - 4 所示。

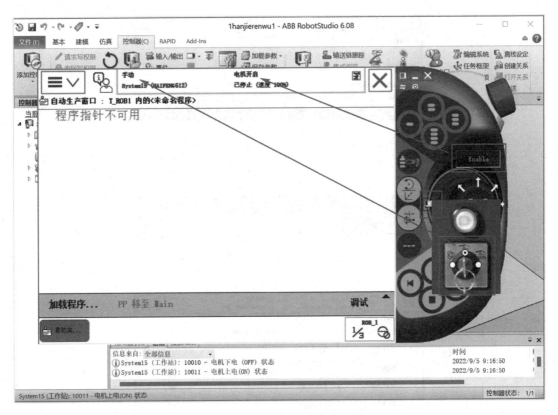

图 5 - 1 - 2　手动模式

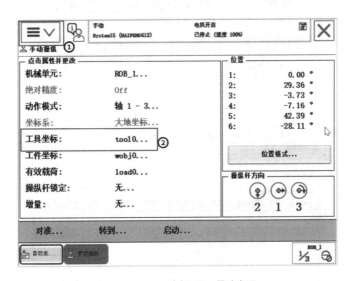

图 5 - 1 - 3　选择"工具坐标"

（5）在打开的"新数据声明"界面中，可以对工具数据属性进行设定，单击"…"后会弹出软键盘，此处更改工具名称为"hanqiang"，然后单击"确定"按钮，如图 5 - 1 - 5 所示。"hanqiang"即为新建的工具坐标，如图 5 - 1 - 6 所示。

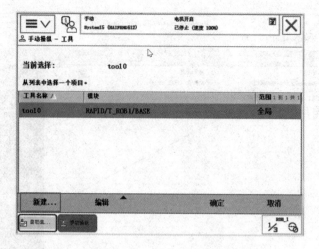

图 5 – 1 – 4　新建工具坐标系

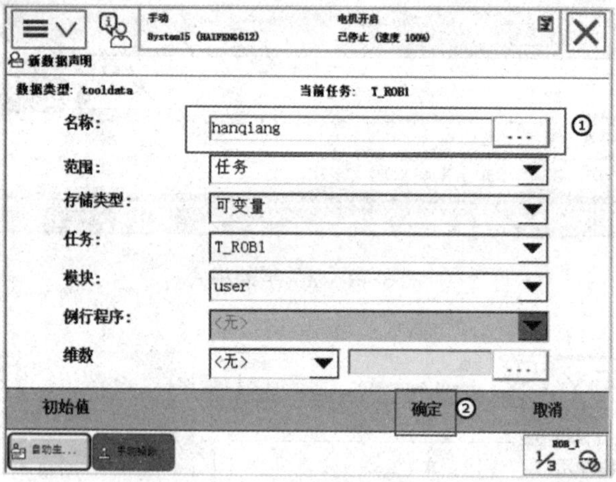

图 5 – 1 – 5　更改工具名称

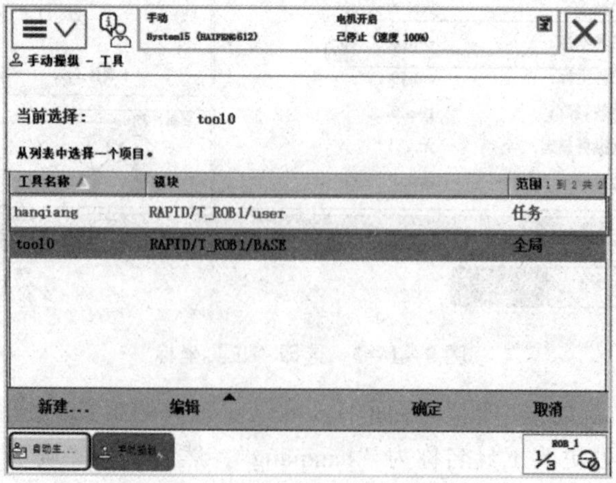

图 5 – 1 – 6　"hanqiang" 工具坐标

（6）选中"hanqiang"工具，选择"编辑→更改值"命令，进行焊枪工具的基本数据设置，如图 5 - 1 - 7 所示。

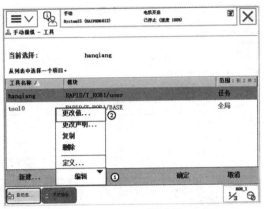

图 5 - 1 - 7　更改值

（7）在"hanqiang"参数中将质量、重心偏移量等重要参数设置为"mass = 1""cog. z = 1"，然后单击"确认"按钮，完成参数设置，如图 5 - 1 - 8 所示。

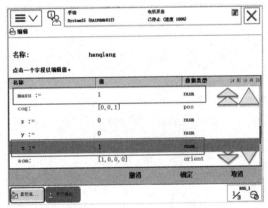

图 5 - 1 - 8　"hanqiang"参数设置

（8）在"工具坐标"界面中，选择新建的工具坐标"hanqiang"，然后选择"编辑→定义"命令，如图 5 - 1 - 9 所示。

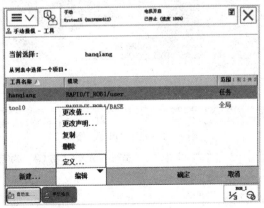

图 5 - 1 - 9　选择"编辑"→"定义"命令

（9）打开"工具坐标定义"界面，在"方法"下拉菜单中的"TCP 和 Z，X"是采用六点法来设定 TCP，如图 5 – 1 – 10 所示。

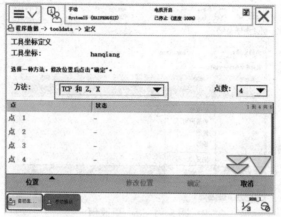

图 5 – 1 – 10　采用六点法来设定 TCP

（10）使用示教器将工业机器人焊枪尖点对准焊接工作台基准点，调整"点工"姿态，如图 5 – 1 – 11 所示。

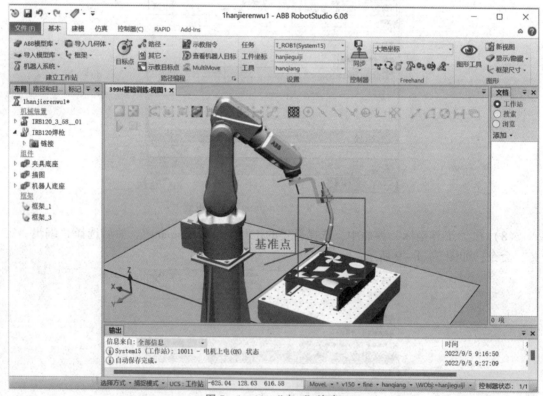

图 5 – 1 – 11　"点 1"姿态

（11）在虚拟示教器中"点 1"处单击"修改位置"按钮，将数据保存，如图 5 – 1 – 12 所示。

（12）调整工业机器人姿态，进行"点 2""点 3"数据修改，如图 5 – 1 – 13 和图 5 – 1 – 14 所示。

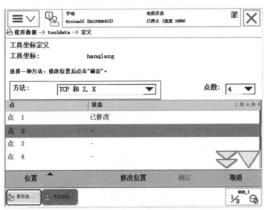

图 5-1-12　"点 1"修改位置

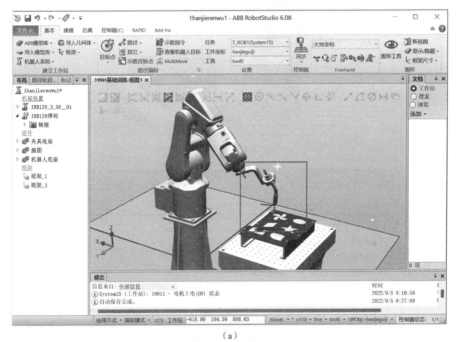

（a）

（b）

图 5-1-13　"点 2"姿态及修改位置

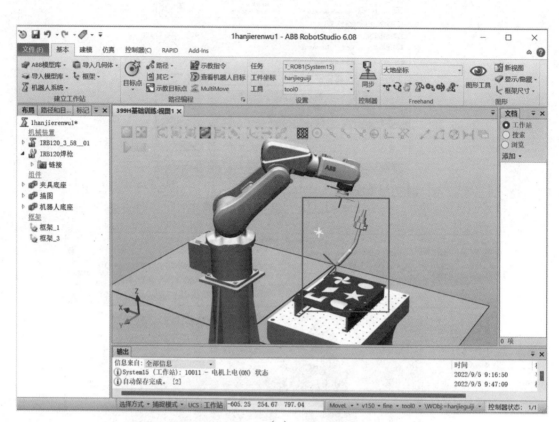

（a）

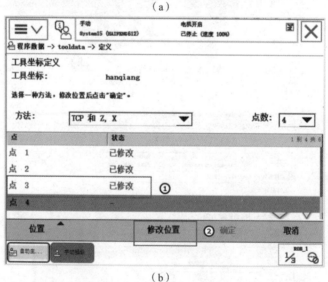

（b）

图 5-1-14 "点 3" 姿态及修改位置

（13）"点 4" 姿态要求较为特殊，即要求焊枪垂直于基准点进行修改位置，主要为后续 X、Z 轴的延伸点示教做好基础，调整工业机器人姿态，进行 "点 4" 数据修改，如图 5-1-15 所示。

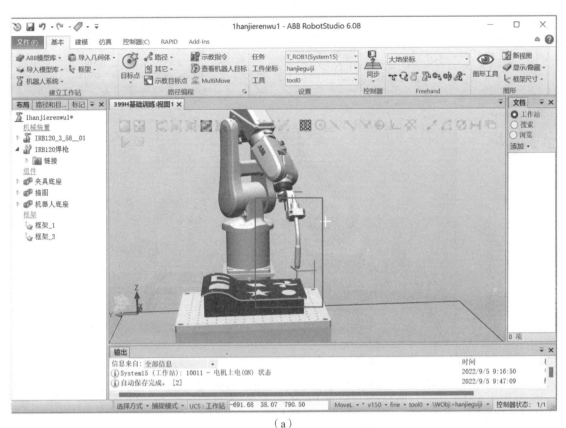

（a）

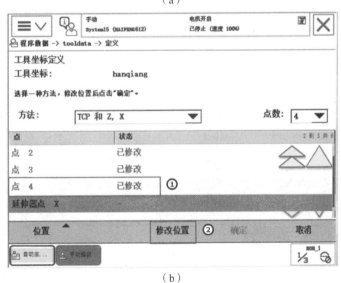

（b）

图 5 - 1 - 15　"点 4"姿态及修改位置

　　（14）将虚拟示教器轴模式调整为"线性运动模式"，使工业机器人沿着 X 轴向前运动一定距离，再将"延伸器点 X"修改位置，如图 5 - 1 - 16 所示。

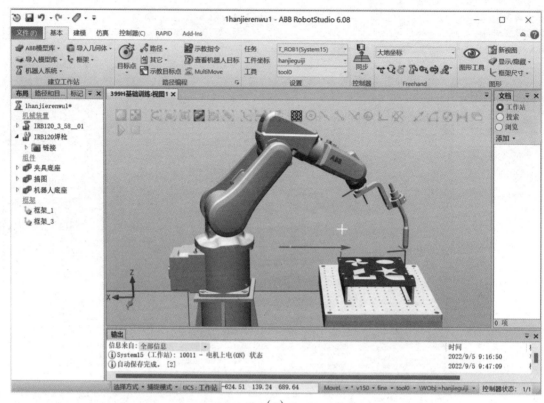

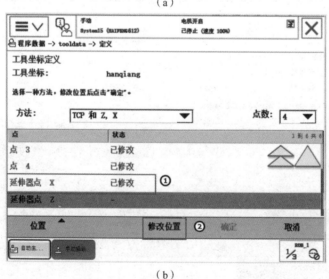

（b）

图 5 - 1 - 16 "延伸器点 X"姿态及修改位置

（15）将工业机器人重新垂直对准基准点，使工业机器人沿着 Z 轴向上运动一定距离，再将"延伸器点 Z"修改位置，单击"确定"按钮，完成工具坐标定义，如图 5 - 1 - 17 所示。

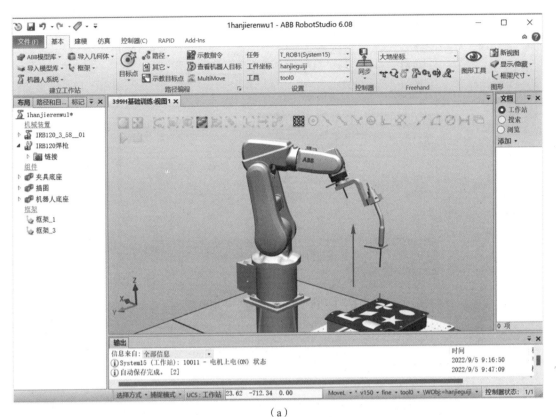

（a）

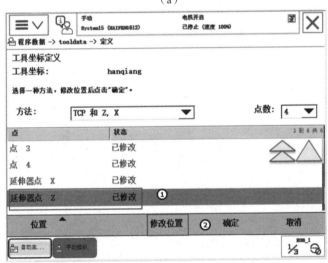

（b）

图 5 – 1 – 17 "延伸器点 Z" 姿态及修改位置

（16）确定后可以看到所建立的工具的误差精度，平均误差符合工具要求，单击"确定"按钮即可正常使用"hanqiang"工具，如图 5 – 1 – 18 所示。

（17）在仿真环境中，虚拟示教器建立的工具坐标需要同步到工作站之中才可以正常应用，方法为在"基本"选项卡中选择"同步"→"同步到工作站"命令，如图 5 – 1 – 19 所示。

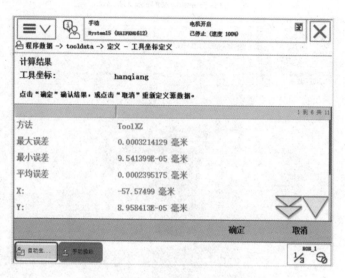

图 5 - 1 - 18 "hanqiang" 平均误差

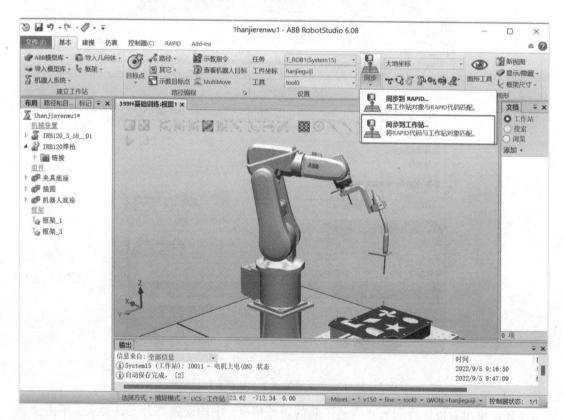

图 5 - 1 - 19 同步到工作站

（18）在"同步到工作站"窗口中勾选所有同步数据，单击"确定"按钮，如图 5 - 1 - 20 所示。

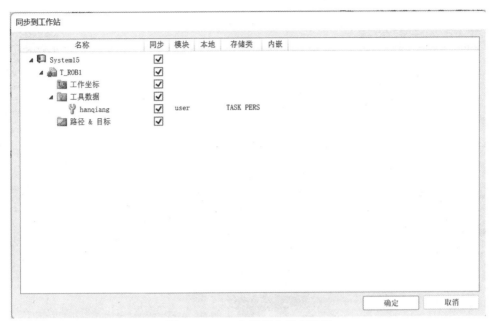

图 5 - 1 - 20　勾选所有同步数据

（19）在 RobotStudio 窗口中可以看到"hanqiang"工具已经正常使用，同时单击"重定位"模式进行工具坐标系的验证。对准基准点后，任意角度移动都可以保证焊枪尖点与焊枪工作台基准点保持相对不变的位置，证明工具坐标能满足使用要求，如图 5 - 1 - 21 所示。

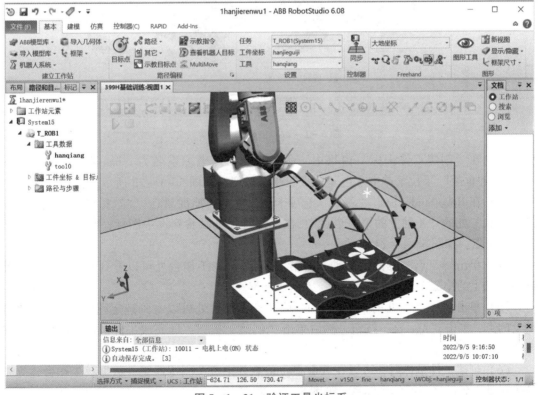

图 5 - 1 - 21　验证工具坐标系

二、工件坐标系的建立

工件坐标系的建立步骤如下。

（1）在RobotStudio窗口"基本"选项卡下，选择"其他"→"创建工件坐标"命令，如图5-1-22所示。

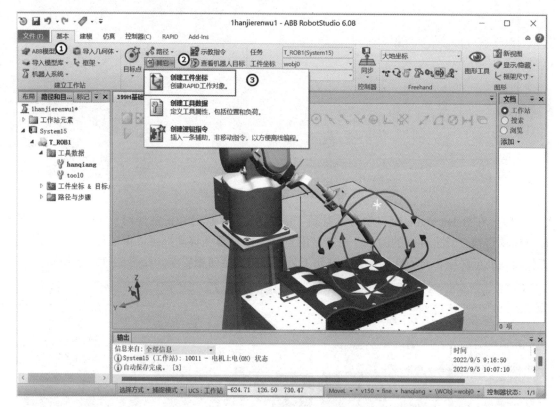

图5-1-22　创建工件坐标

（2）在"创建工件坐标"窗格中，命名新的工件坐标系名为"hanjieguiji"，然后在"取点创建框架"下拉菜单中点选"三点"单选按钮，如图5-1-23所示。

（3）在RobotStudio窗口"基本"选项卡下，单击"捕捉圆心""选择物体"按钮，单击"三点"处的"X轴上的第一个点"，在工作台处可以看到选中图标，此处选择X轴上的第一个点，如图5-1-24所示。

（4）单击"三点"处的"X轴上的第二个点"，在工作台处可以看到选中图标，此处选择X轴上的第二个点，如图5-1-25所示。

（5）单击"三点"处的"Y轴上的点"，在工作台处可以看到选定图标，此处选择Y轴上的点，单击"Accept"按钮，然后单击"创建"按钮，即完成工件坐标系的创建，如图5-1-26所示。

（6）创建工件坐标后，可以在RobotStudio软件中资源浏览器工件数据及工作台建立工件坐标处看到已经建好的坐标系，如图5-1-27所示。

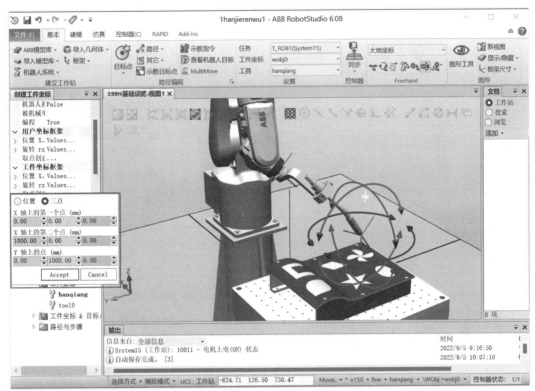

图 5 – 1 – 23　取点创建框架

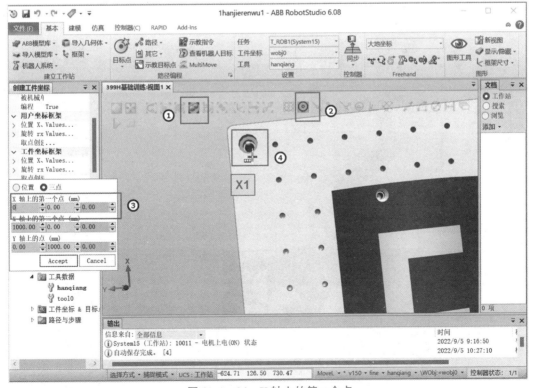

图 5 – 1 – 24　X 轴上的第一个点

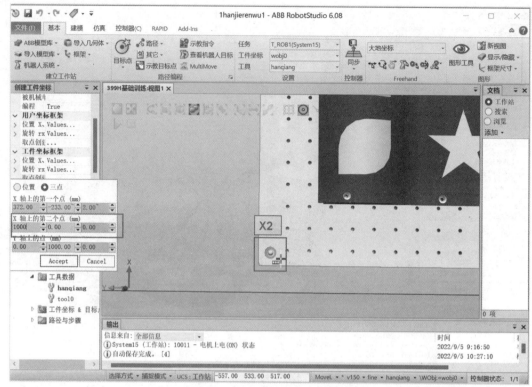

图 5-1-25 X 轴上的第二个点

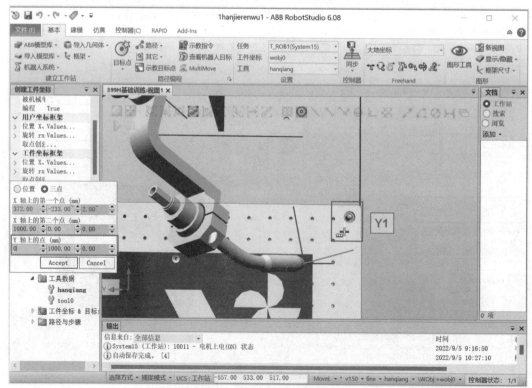

图 5-1-26 Y 轴上的点

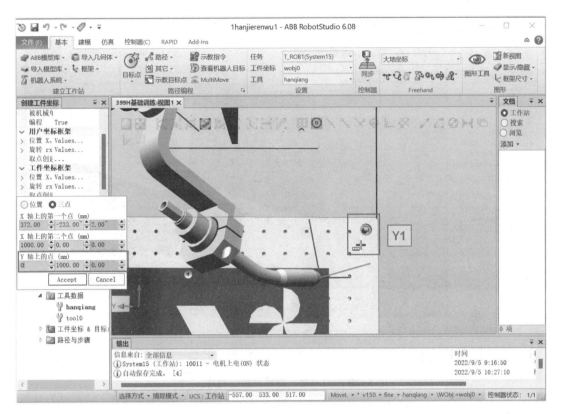

图 5 – 1 – 27 "hanjieguiji" 工件坐标

三、程序编写及示教

五角星轨迹
焊接——
轨迹编程

程序编写前必须进行一个程序框架的搭建，即完成程序的思路规划。此处要求完成五角星图形的模拟焊接，因此包括两个子程序，即初始化和五角星，一个主程序即可。在此程序框架中，由主程序首先调用初始化程序，使焊枪到达准备焊接位置，再对五角星进行模拟焊接，焊接完成后再次回到准备焊接位置。

（1）在"基本"选项卡下选择"路径"→"空路径"命令，创建 3 个空路径程序，并分别更改名称为"main""chushihua""wujiaoxing"，如图 5 – 1 –28 所示。

（2）在资源浏览器窗口，右击"main"主程序，在弹出的快捷菜单中选择"插入过程调用"→"chushihua""wujiaoxing"命令，完成子程序调用，如图 5 – 1 –29 所示。

（3）调整工业机器人姿态到五角星上方初始化工作位置，如图 5 – 1 –30 所示。

（4）在状态栏选择要使用的程序语句，此处选择关节移动"MoveJ"，速度位"V = 300 mm/s"，转弯半径"Z = 100 mm"，工具坐标使用"hanqiang"，工件坐标使用"hanjieguiji"，然后在资源浏览器窗口"chushihua"子程序处右击，在弹出的快捷菜单中选择"插入运动指令"命令，如图 5 – 1 –31 所示。

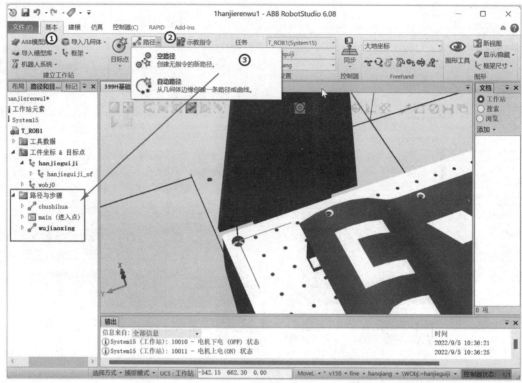

图 5 - 1 - 28　创建空路径程序

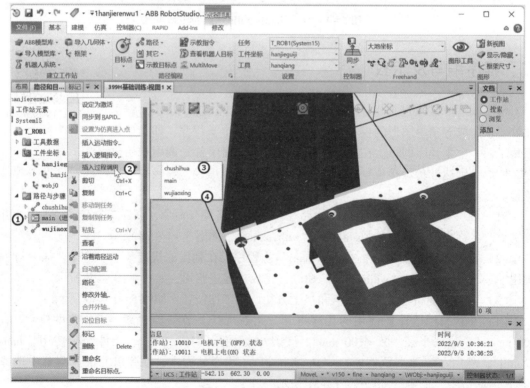

图 5 - 1 - 29　调用子程序

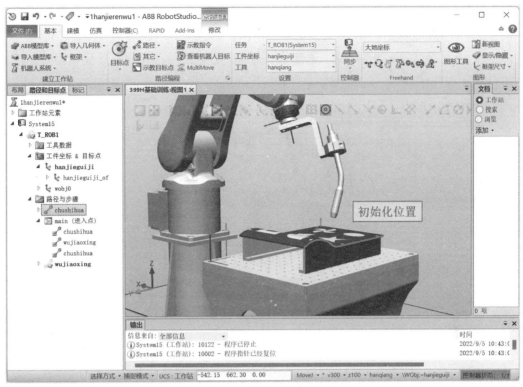

图 5 – 1 – 30　调整工业机器人姿态

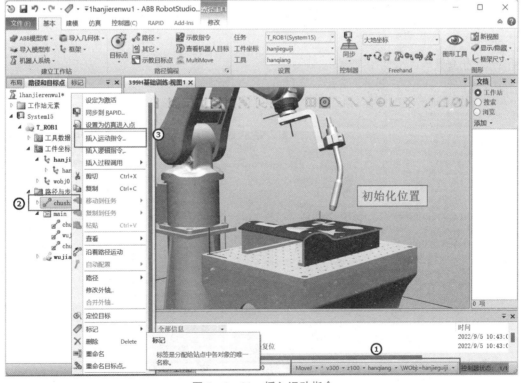

图 5 – 1 – 31　插入运动指令

（5）在"创建运动指令"窗口，单击"添加"按钮，添加点 1 并修改名称为"pHome"表示该点为初始点，单击"创建"按钮，如图 5 – 1 – 32 所示。

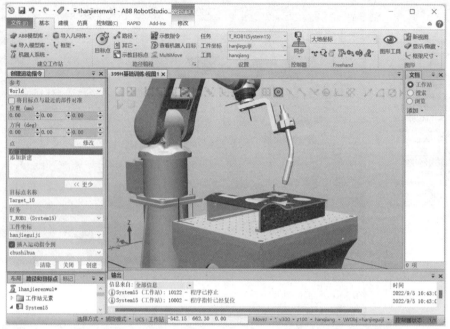

图 5 – 1 – 32　创建运动指令

（6）在"chushihua"子程序的"MoveJ pHome"处右击，在弹出的快捷菜单中选择"修改位置"命令，就可以把当前工业机器人的位置数据存储在"pHome"之中，如图 5 – 1 – 33 所示。

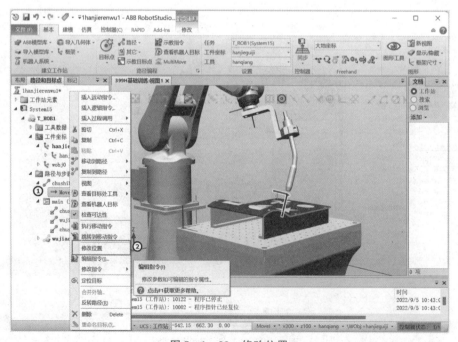

图 5 – 1 – 33　修改位置

（7）在"wujiaoxing"子程序处右击，在弹出的快捷菜单中选择"插入运动指令"命令，添加"MoveJ""150 mm/s""hanjie"工具、"hanjieguiji"工件坐标，如图 5-1-34 所示。再将工业机器人移动到 p10 处进行"修改位置"，将 p10 位置数据保存下来。

图 5-1-34　插入运动指令

（8）在"wujiaoxing"子程序处右击，在弹出的快捷菜单中选择"插入运动指令"命令，添加"MoveL""150 mm/s""hanjie"工具、"hanjieguiji"工件坐标，再将工业机器人移动到 p20 处进行"修改位置"，将 p20 位置数据保存下来，如图 5-1-35 所示。

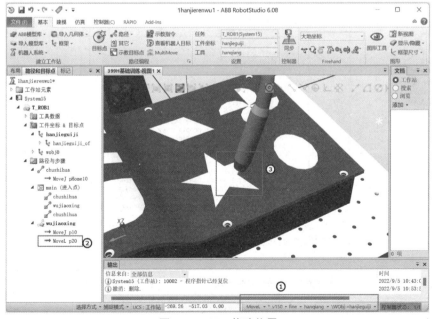

图 5-1-35　修改位置

（9）使用同样方法将五角星剩余位置进行逆时针示教，然后单击"同步到 RAPID"按钮，使工作站和 RAPID 两侧同步，完成后的示教位置及 RAPID 程序如图 5 – 1 – 36 所示。

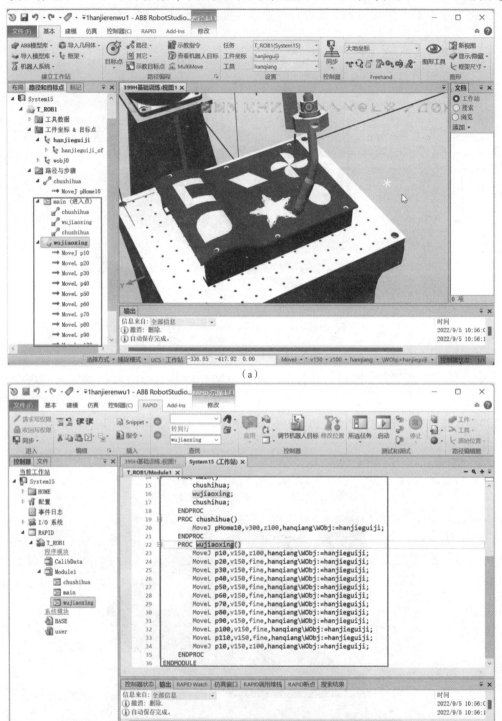

（a）

（b）

图 5 – 1 – 36 完成后的示教位置及 RAPID 程序

四、程序调试——手动 + 自动

程序的调试分为手动调试和自动调试，需要使用虚拟示教器进行。具体步骤如下。

五角星轨迹
焊接——
轨迹程序调试

（1）在"控制器"选项卡下选择"示教器"→"虚拟示教器"命令，打开虚拟示教器。

（2）在虚拟示教器上单击"模式选择"开关，切换到"手动"模式，然后按下使能器按钮，使工业机器人电动机上电。

（3）打开"ABB"菜单，选择"程序编辑器"命令，如图 5 – 1 – 37 所示。

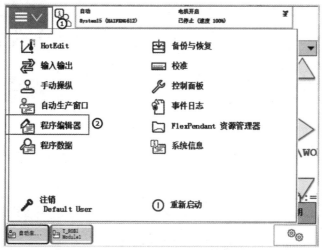

图 5 – 1 – 37 选择"程序编辑器"命令

（4）在虚拟示教器上单击"调试"按钮，选择"PP 移至 Main"命令，可以看到指针已经指向"chushihua"，此时可以单击右下角的"单步运行"或"运行"按钮来手动调试，如图 5 – 1 – 38 所示。

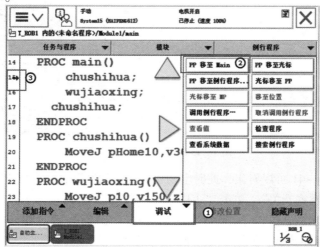

图 5 – 1 – 38 手动调试

（5）单击虚拟示教器上的"Enable"按钮相当于松开使能器按钮，选择"模式开关"，从"手动模式"转换到"自动模式"，在"确认"窗口确认，如图5-1-39所示。

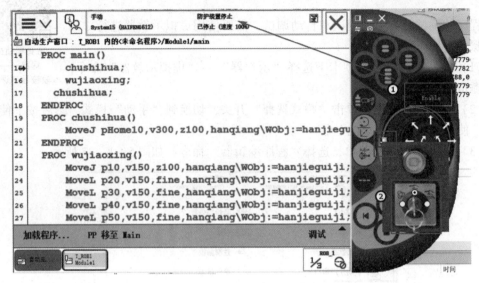

图5-1-39　切换到自动模式

（6）在虚拟示教器上选择"PP移至Main"命令，在弹出的提示框中单击"是"按钮，如图5-1-40所示。

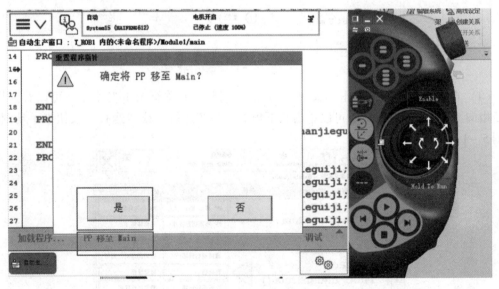

图5-1-40　PP移至Main

（7）从图5-1-41可以看出，此时电动机处于关闭状态，需要将电动机开启，即在虚拟示教器上选择"模式开关"，单击"上电指示"按钮。

（8）电动机开启后，可以单击示教器右下角的"运行"或"单步运行"按钮，进行"自动"模式下的程序调试，如图5-1-42所示。

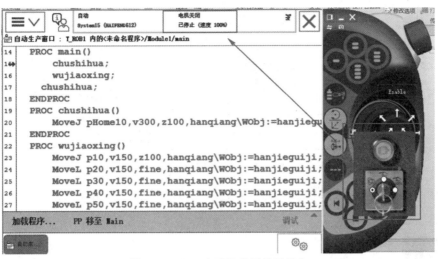

图 5 - 1 - 41　电动机处于关闭状态

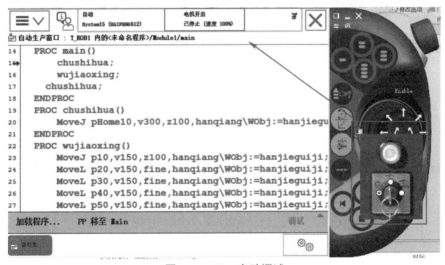

图 5 - 1 - 42　自动调试

五、焊接工作站的打包及录制视频

焊接工作站的打包及录制视频步骤如下。

（1）在"文件"选项卡下选择"共享"→"打包"命令，选择存储位置，如图 5 - 1 - 43 所示。

（2）在"仿真"选项卡下单击"仿真设定"按钮，设置为"单周期"，进入点为"main"，再单击"仿真选项卡"下的"仿真录像"按钮，最后单击"播放"按钮进行仿真录像，如图 5 - 1 - 44 所示。

（3）仿真录像后可以单击"查看录像"按钮观看刚刚完成的视频，也可以在"文件"选项卡下选择"选项"命令，在弹出的"选项"对话框的"屏幕录像机"组中找到录像文件的存储位置进行播放录像，如图 5 - 1 - 45 所示。

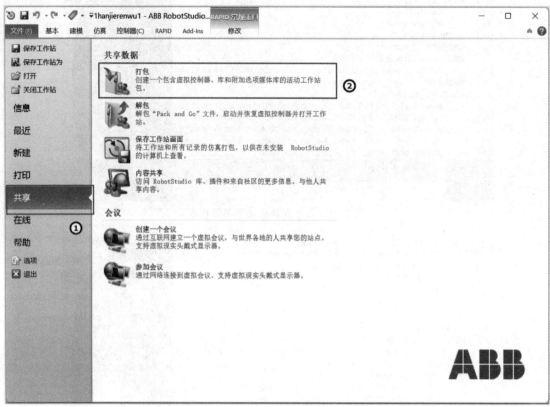

（a）

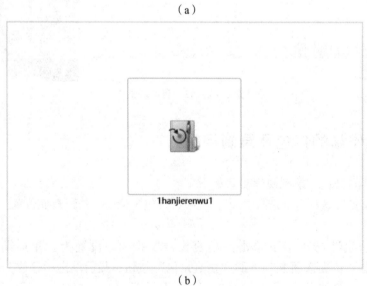

（b）

图 5 - 1 - 43　打包及打包后的文件

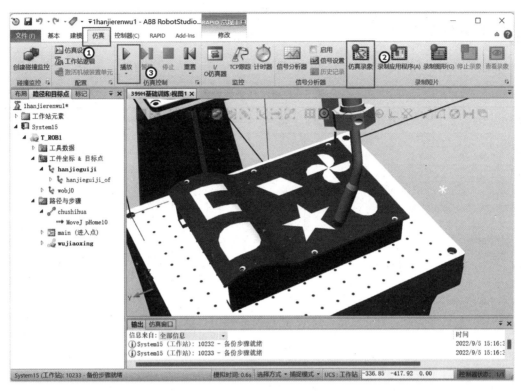

图 5 - 1 - 44　仿真录像

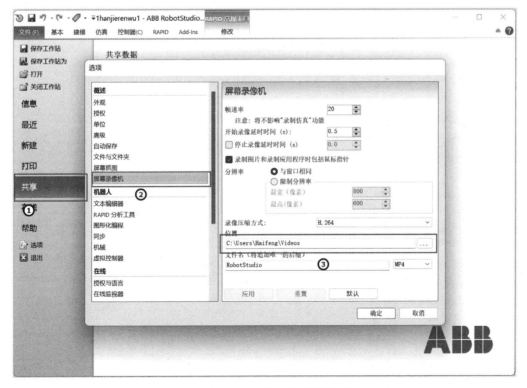

图 5 - 1 - 45　录像文件的存储位置

任务评价

完成任务后，利用表 5 – 1 – 1 进行评价。

表 5 – 1 – 1　任务评价表

任务评价	专业知识评价（60分）				过程评价（30分）	素养评价（10分）
	MoveL、MoveJ 主要指令（20分）	创建工具坐标系、工件坐标系的方法（20分）	通过 RobotStudio 进行焊接作业的编程及示教的方法（20分）		穿戴工装、整洁（6分）；具有安全意识、责任意识、服从意识（6分）；与教师、其他成员之间有礼貌地交流、互动（9分）；能积极主动参与、实施检测任务（9分）	能做到安全生产、文明操作、保护环境、爱护公共设施设备（5分）；工作态度端正，无无故缺勤、迟到、早退现象（5分）
学习评价	自我评价（5分）| 学生互评（5分）| 教师评价（10分）| 自我评价（5分）| 学生互评（5分）| 教师评价（10分）| 自我评价（5分）| 学生互评（5分）| 教师评价（10分）| 自我评价（10分）| 学生互评（10分）| 教师评价（10分）| 自我评价（3分）| 学生互评（3分）| 教师评价（4分）
评价得分						
得分汇总						
学生小结						
教师点评						

任务二　绘图工作站自动轨迹综合应用编程与仿真

任务描述

多边形图形绘图综合仿真能够完成外部 I/O 配置，通过外部 I/O 信号控制工业机器人的运行、停止及通过指示灯了解工业机器人的运行状态。同时，在此综合实训工作站，绘图轨迹通过自动生成轨迹完成，能更有效地提高编程效率。最后通过打包工作站，将已经完成的工作站进行保存使用。

具体工作任务为按下外部启动按钮，绘图工作站开始进行绘图工作，并且运行指示灯亮；按下外部停止按钮，绘图工作站停止运行。

任务目标

（1）能够掌握基础 I/O 配置方法。

（2）能够掌握自动生成轨迹的方法。

任务准备

1. 常用 I/O 控制指令

1）Set：将数字输出信号置为 1

例如：Set do10；将数字输出信号 do10 置为 1。

注释：Set do10 等同于 SetDO Do10，1。

2）Reset：将数字输出信号置为 0

例如：Reset do10；将数字输出信号 do10 置为 0。

注释：Reset do10 等同于 SetDO do10,0。

另外，SetDO 还可以设置延迟时间：

Set DO\SDelay：=0.2,do10,1；即延迟 0.2 s 后将 do10 置为 1。

3）WaitDI：等待一个输入信号状态为设定值

例如：WaitDI di10,1；等待数字输入信号 di10 为 1 之后才执行下面的指令。

注释：WaitDI Di10,1 等同于 Wait Until di10 =1。

2. 常用逻辑控制指令

1）IF：满足不同条件，执行对应程序

例如：

IF sig1 >1 THEN

　　　Set do1；

ENDIF

程序含义：sig 为数值类型变量，其数值如果大于 1，则执行 Set do1 指令。

2）WHILE：如果条件满足，则重复执行对应程序

例如：

```
WHILE sig1 < sig2 DO
    sig1:=sig1 +1;
    ENDWHILE
```

程序含义：如果变量 sig1 < sig2 条件一直成立，则重复执行 sig1 加 1，直至 sig1 < sig2 条件不成立时跳出 WHILE 语句。

3）FOR：根据指定的次数，重复执行对应程序

例如：

```
FOR I FROM 1 TO 10 DO
    Routine1;
  ENDFOR
```

程序含义：重复执行 10 次 Routine1 中的程序。FOR 指令后面跟的是循环计数值，其不用在程序数据中定义，每次运行一遍 FOR 循环中的指令后会自动执行加 1 操作。

4）TEST：根据指定变量的判断结果，执行对应程序

例如：

```
TEST reg1
    CASE 1:Routine1;
    CASE 2:Routine2;
    DEFAULT:
    Stop;
ENDTEST
```

程序含义：判断 reg1 数值，若为 1 则执行 Routine1；若为 2 则执行 Routine2，否则执行 Stop。

3. 运动控制指令

1）RelTool

RelTool 对工具的位置和姿态进行偏移，也可实现角度偏移。

语法：RelTool(Point,Dx,Dy,Dz,[\Rx] [\Ry] [\Rz])

例如：

```
MoveL RelTool(p10,0,0,100\Rz:=25),v100,fine,tool1\wobj:=wobj1;
```

程序含义：以 p10 为基准点，向 Z 轴正方向偏移 100 mm，角度偏移 25°。

2）CRobT

其功能是读取当前工业机器人目标位置点的信息。

例如：

```
PERS robtarget p10;
p10:=CRobT( \Tool:=tool1\WObj:=wobj1);
```

程序含义：读取当前机器人目标点位置数据，指定工具数据为 tool1，工件坐标系数据为 wobj1。若不写括号中的坐标系数据信息，则默认工具数据为 tool0，默认工件坐标系数据为 wobj0。之后将读取的目标点数据赋值给 p10。

3) CJontT

其功能是读取当前机器人各关节轴的旋转角度。

例如：

```
PRES jointtarget joint10;
MoveL *,v500,fine,tool1;
Joint10:=CJontT();
```

4) 写屏指令

其功能是在屏幕上显示需要显示的内容。

TPRease;! 屏幕擦除

TPWrite"Attention! The Robot is running!";

TPWrite"The First Running CycleTime is:"\num:=nCycleTime;

假设上一次循环时间 nCycleTime 为 100 s，则示教器上面显示内容为"Attention! The Robot is running! The First Running CycleTime is：100"。

4. 标准 I/O 板的设置

ABB 标准 I/O 板的型号有 DSQC651、DSQC652、DSQC653、DSQC355A 和 DSQC377A 等。不同类型的板卡具有数量不等的数字输入、数字输出及模拟量输出通道。但是，无论使用哪种类型的板卡都要进行表 5 – 2 – 1 所示的 4 项参数的设置，以地址为 10 的 DSQC652 信号板为例。

表 5 – 2 – 1　标准 I/O 板的设置

参数名称	设定值	描述
Name	Board10	设定 I/O 板在系统中的名称
Type of Unit	D652	I/O 板连接的总线
Connected to Bus	DeviceNet	设定 I/O 板连接的总线
DeviceNet Adress	10	设定 I/O 板在总线中的地址

5. I/O 信号的设置

为了实现机器人和外部设备的通信，需要在标准 I/O 板中进行 I/O 信号的设置，设置的内容如表 5 – 2 – 2 所示，以地址为 0 的数字输入信号为例。

表 5 – 2 – 2　I/O 信号的设置

参数名称	设定值	说明	参数说明
Name	di1	设定数字输入信号的名称	信号名称
Type of Signal	Digital Input	设定信号的种类	信号类型
Assigned to Device	d652	设定信号所在的 I/O 模块	连接到的 I/O 单元
Device Mapping	0	设定信号所占用的地址	I/O 单元的地址

绘图工作站自动
轨迹综合应用
编程与仿真——
配置 I/O 信号

任务实施

一、配置 I/O 信号

I/O 配置是使用工业机器人非常重要的技能，此处配置 I/O 均在 Ro-botStudio 的虚拟仿真示教器下进行。

（1）在 RobotStudio 下，打开虚拟示教器的"ABB"菜单，然后单击"控制面板"，如图 5 - 2 - 1 所示。

图 5 - 2 - 1　单击"控制面板"

（2）在"控制面板"界面，将示教器更改为"手动"模式，单击"配置"，如图 5 - 2 - 2 所示。

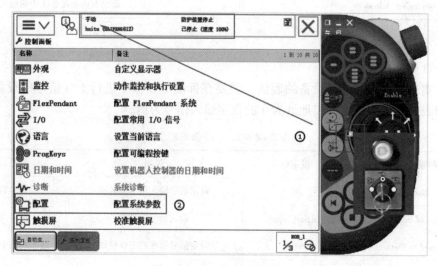

图 5 - 2 - 2　单击"配置"

（3）进入"配置"界面，单击"DeviceNet Device"，进行 I/O 信号板的配置，单击"显示全部"按钮，如图 5 - 2 - 3 所示。

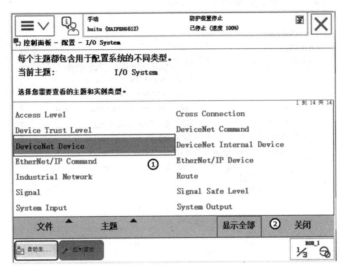

图 5 - 2 - 3　信号配置一

（4）进入"DeviceNet Device"界面，单击"添加"按钮，如图 5 - 2 - 4 所示。

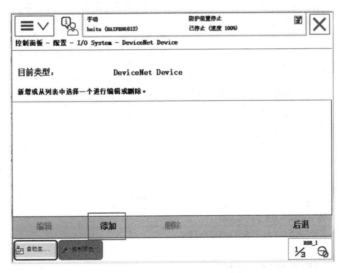

图 5 - 2 - 4　单击"添加"按钮一

（5）进入"添加"界面，添加所需的 I/O 信号板，如图 5 - 2 - 5 所示。

（6）单击"Address"，I/O 板地址设定为"10"，单击"确定"按钮，返回"配置"界面，如图 5 - 2 - 6 所示。

（7）在"配置"界面，单击"Signal"，再单击"显示全部"按钮，进入信号配置界面，如图 5 - 2 - 7 所示。

（8）进入"Signal"界面后，单击"添加"按钮，进行信号的添加，如图 5 - 2 - 8 所示。

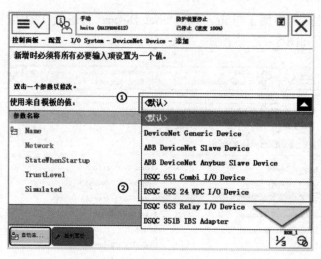

图 5 - 2 - 5　添加 I/O 信号板

图 5 - 2 - 6　I/O 板地址设置

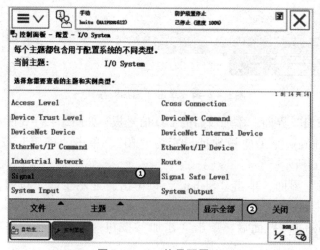

图 5 - 2 - 7　信号配置二

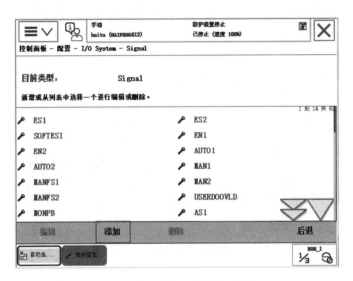

图 5 – 2 – 8 单击"添加"按钮二

（9）在 Signal 的添加界面，将 Name 为"qidong"作为启动控制信号，Type of Signal 为"Digital Input"作为输入信号。Assigned to Device 为"d652"，说明该信号是在这个名为"d652"信号板上接通。Device Mapping 设置为"0"，"qidong"的地址设置为"0"，单击"确定"按钮，选择不重启，等待全部新号设置完毕后重启，如图 5 – 2 – 9 所示。

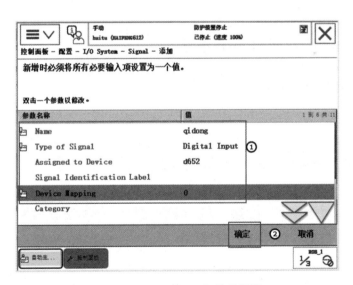

图 5 – 2 – 9 "qidong"信号设置

（10）使用同样的方法，设置输入信号"tingzhi"，地址为"1"，如图 5 – 2 – 10 所示。

（11）此处"tingzhi"信号可以直接控制机器人进入"电机断电"状态，需要将"tingzhi"信号直接与电动机的"Motors Off"信号连接，配置方法如图 5 – 2 – 11 所示。

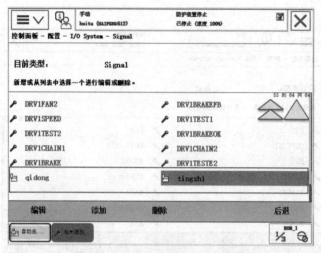

图 5 – 2 – 10 "tingzhi" 信号设置

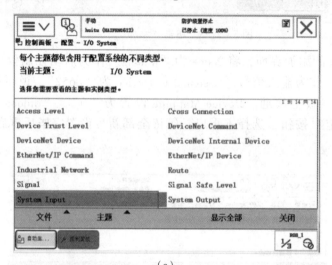

（a）

（b）

图 5 – 2 – 11 "Motors Off" 信号配置

（12）进入 Signal 的添加界面，将 Name 为"yunxingL"作为运行信号，Type of Signal
设置为"Signal Output"作为输出信号。Device Mapping 设置为"0"，单击"确定"按钮后
重启，如图 5 - 2 - 12 所示。

（a）

（b）

图 5 - 2 - 12　"yunxingL"信号

（13）回到虚拟示教器，单击"ABB"菜单，再单击"输入输出"，进入"输入输出"
界面，单击"视图"，再单击全部信号，可以看到"qidong""tinghzi""yunxingL"信号，
如图 5 - 2 - 13 所示，至此 I/O 配置完毕。

二、程序编写及调试

绘图工作站自动
轨迹综合应用编程
与仿真——程序
编辑及调试（1）

绘图工作站自动
轨迹综合应用编程
与仿真——程序
编写及调试（2）

在绘图工作站基本布局中，完成图形 R 的绘制。

（1）在 RobotStudio 软件中，打开"基本"选项卡，
选择"路径"→"空路径"命令，创建两个空路径，更改名称为"main""chushihua"，如
图 5 - 2 - 14 所示。

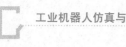

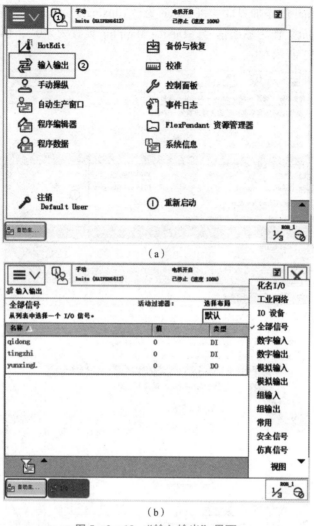

（a）

（b）

图 5 – 2 – 13　"输入输出"界面

（2）需要绘制的图形 R，我们采用自动生成轨迹的方法，选择"路径"→"自动路径"命令，创建自动路径，如图 5 – 2 – 15 所示。

（3）依次单击 R 图形的边框，参考面选择"工作台 – 左"，单击"创建"按钮，生成自动路径，如图 5 – 2 – 16 所示。

（4）在"工件坐标 & 目标点"中右击"wobj1_of"，在弹出的快捷菜单中选择"查看目标处工具"→"huitu"命令，可以看到现在工具的姿态，如图 5 – 2 – 17 所示。

（5）部分工具姿态不正确，打开"wobj1"下"Target_10"，右击，在弹出的快捷菜单中选择"复制方向"命令，如图 5 – 2 – 18 所示，用这个方向来调整所有工具姿态，然后在图 5 – 2 – 19 全选所有点，在弹出的快捷菜单中选择"应用方向"命令。

（6）将 Path_10 更改名称为"huitugzz"，右击，在弹出的快捷菜单中选择"自动配置"→"线性/圆周移动指令"命令，对所作出的程序进行优化，如图 5 – 2 – 20 所示，在图 5 – 2 –21中能够看出优化后所有路径均可到达（提示：此处可以将绘图的第一个点使用关节指令 MoveJ 来完成）。

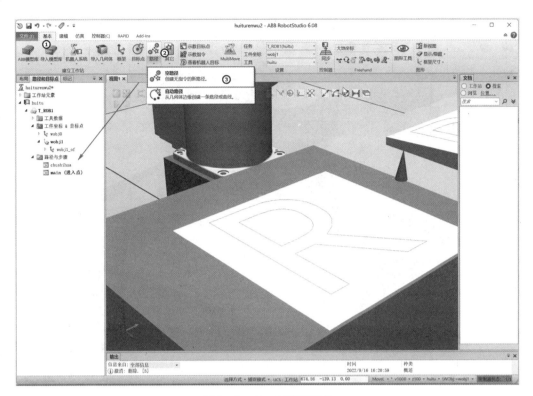

图 5 - 2 - 14　创建空路径

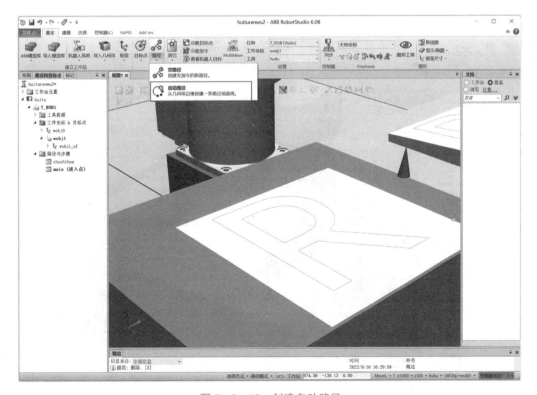

图 5 - 2 - 15　创建自动路径

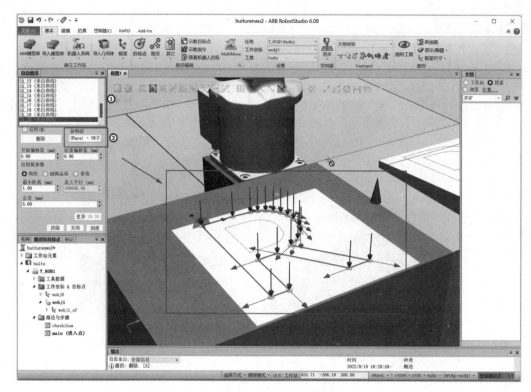

图 5 – 2 – 16 生成自动路径

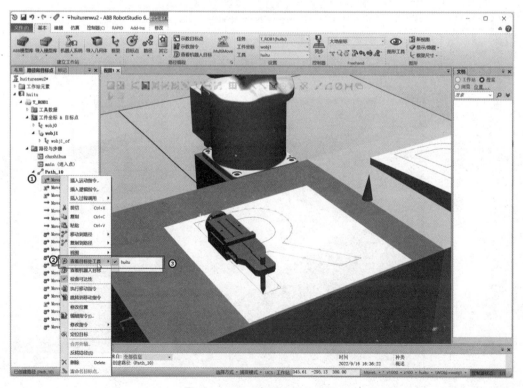

图 5 – 2 – 17 查看目标处工具

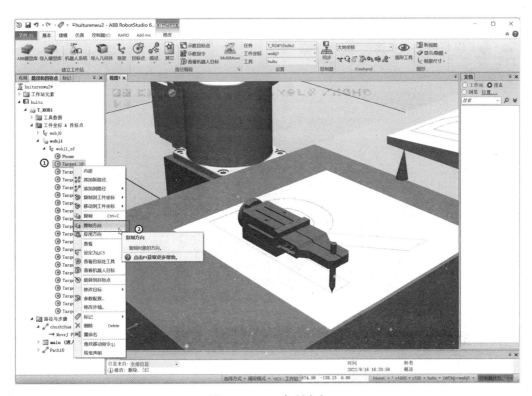

图 5 - 2 - 18　复制方向

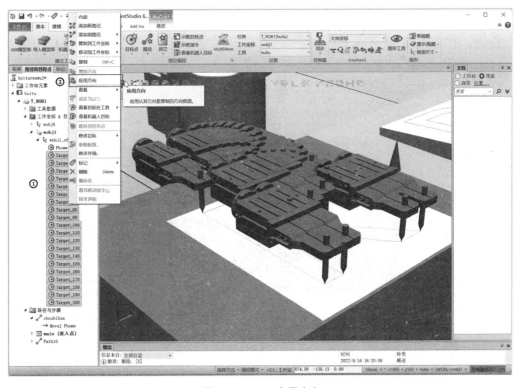

图 5 - 2 - 19　应用方向

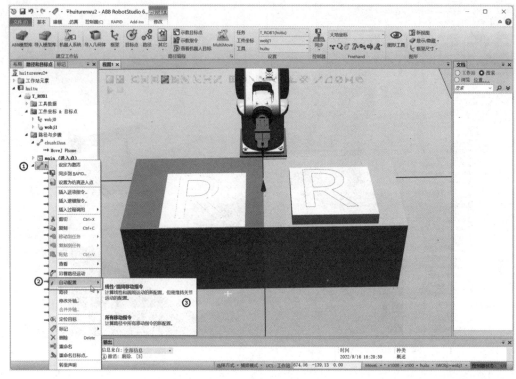

图 5 - 2 - 20　优化程序

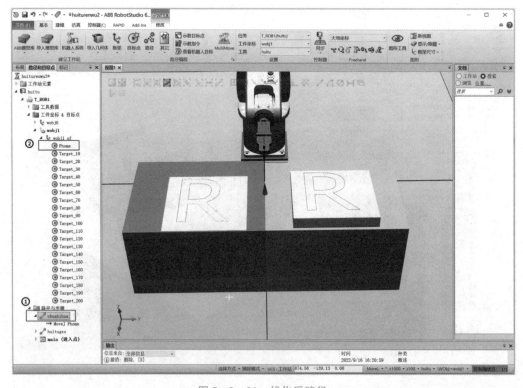

图 5 - 2 - 21　优化后路径

（7）调整工业机器人到初始状态，在"chushihua"子程序插入运动指令，并将初始化点修改为"Phome"，关节指令到达，如图5-2-22所示。

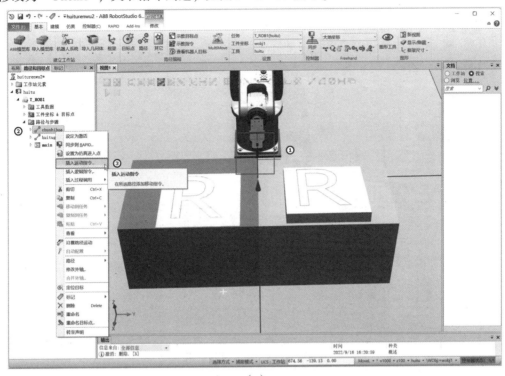

（a）

（b）

图5-2-22 "chushihua"子程序

（8）在主程序"main"处右击，在弹出的快捷菜单中选择"插入过程调用"→"chushihua""huitugzz"命令，如图5-2-23所示。

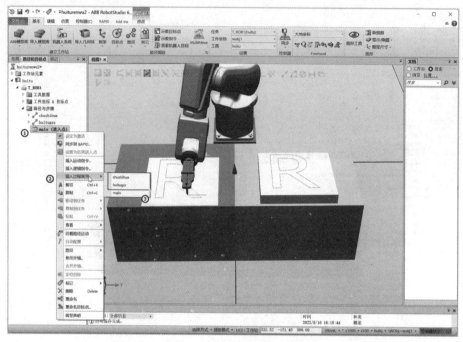

图 5-2-23　插入过程调用

（9）在主程序"main"处右击，在弹出的快捷菜单中选择"插入逻辑指令"命令，如图5-2-24所示。

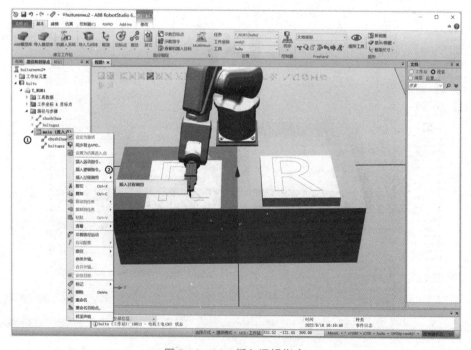

图 5-2-24　插入逻辑指令

（10）在"创建逻辑指令"窗格，单击"指令模板"，选择"WaitDI"，在下拉框中可以看到已经配置好的"qidong"信号，此处 Value 选择"1"，表示信号为 1 时继续运行，如图 5 - 2 - 25 所示。

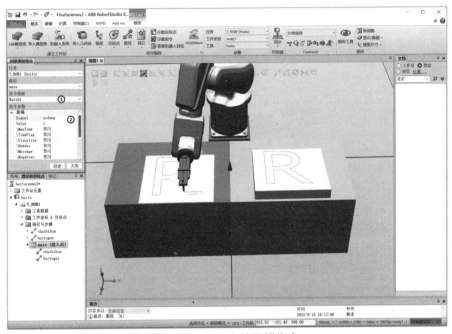

图 5 - 2 - 25　创建逻辑指令

（11）调整程序逻辑，如图 5 - 2 - 26 所示，在此单击"仿真"选项卡，选择"I/O 仿真器"命令，调出 I/O 窗格，可以看到已经配置好的 I/O 信号。

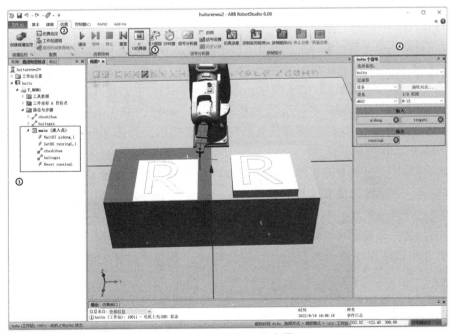

图 5 - 2 - 26　I/O 仿真器

（12）单击"播放"按钮，在 I/O 窗格中选择"d652"设备，单击"qidong"信号，可以看到"yunxingL"信号亮同时机器人开始运行；如果此时单击"tingzhi"则机器人停止，如图 5 – 2 – 27 所示。

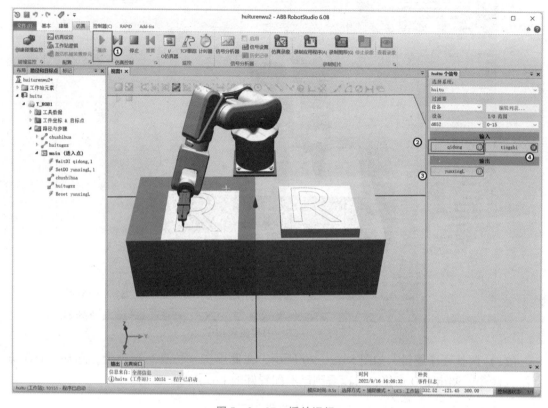

图 5 – 2 – 27　播放运行

（13）在图 5 – 2 – 27 中的运行轨迹中可以看出，有些地方的轨迹不是很精确，这主要是因为转弯半径的选择有问题，全选绘图的指令，右击，在弹出的快捷菜单中选择"编辑指令"命令，如图 5 – 2 – 28 所示。在图 5 – 2 – 29 中，将 Target_10 和 Target_20、Target_150 到 Target_200 转弯半径设置为精确到达"fine"，从 Target_30 到 Target_140 转弯半径均设置为 5 mm，这样能够保证直线部分精确到达，圆弧部分运行平滑，完成后的轨迹如图 5 – 2 – 30 所示。

注意：转弯半径的调整必须根据现场图形的精确程度、运行速度来进行设置，这里由于是虚拟仿真，在速度上没有进行单独设置，均设置为 1 000 mm/s。如果是在实际运行过程中，必须进行降速处理，而且直线和圆弧的速度需要进行区别，一方面保证操作人员和设备的安全，另一方面也可以提高轨迹绘制精确率。

（14）也可以使用虚拟示教器进行程序的调试，单击"ABB"菜单，选择"程序编辑器"，如图 5 – 2 – 31 所示。

（15）在"程序编辑器"界面，将工作模式设置为"手动"模式，单击"Enable"按钮，使能端上电，可以看到示教器端已经显示"手动""电机开启"，如图 5 – 2 – 32 所示。

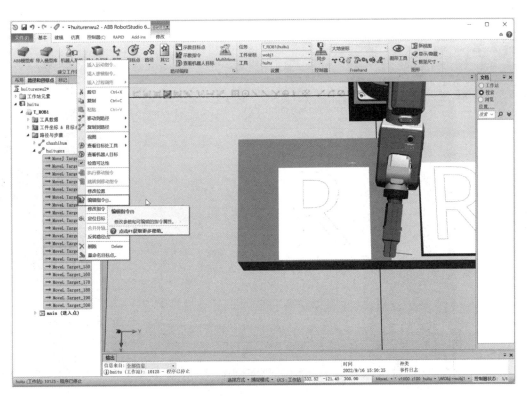

图 5 - 2 - 28　编辑指令

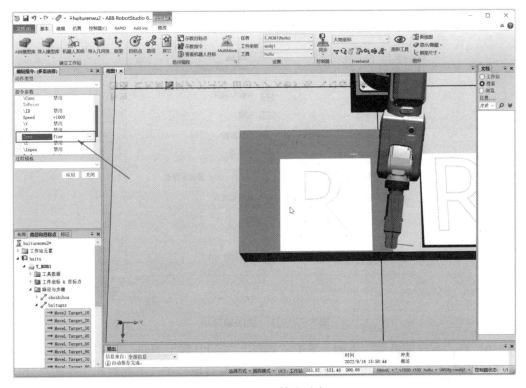

图 5 - 2 - 29　精确到达

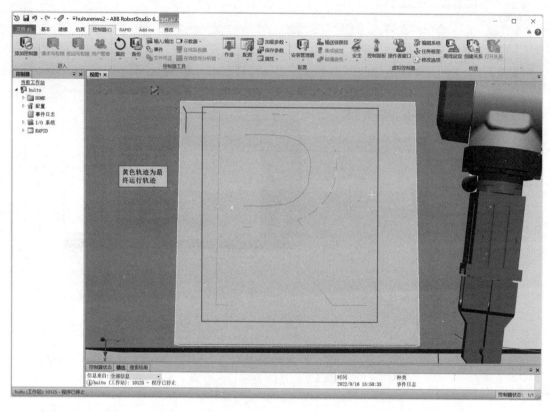

图 5 – 2 – 30   完成后的轨迹

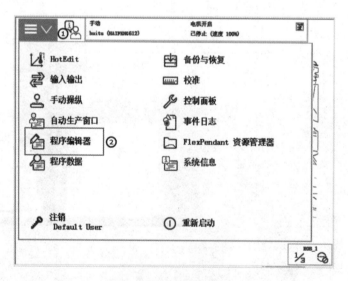

图 5 – 2 – 31   程序编辑器

（16）在"程序编辑器"界面，单击"调试"，将 PP 移至 Main，可以看到指针已经移动到主程序第一行，此时单击"运行"按钮，即可运行该程序，至此绘图工作站综合仿真调试结束，如图 5 – 2 – 33 所示。绘图工作站完整程序如下所示。

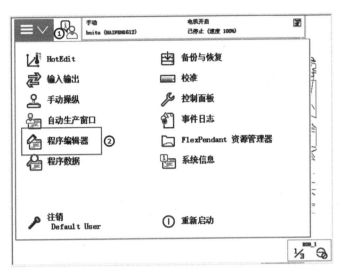

图 5 – 2 – 32　使能端上电

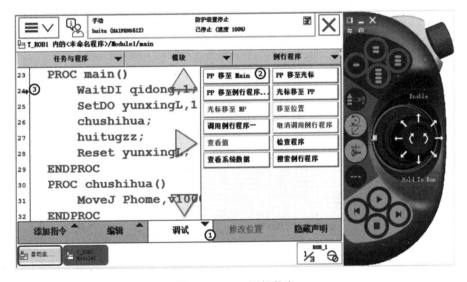

图 5 – 2 – 33　运行程序

```
MODULE Module1
    CONST robtarget Phome: =[[306.411780378,366.187,287.054737563],[0.000000005,0,
    1,0],[0,0,0,1],[9E+09,9E+09,9E+09,9E+09,9E+09,9E+09]];
    CONST robtarget Target_10: =[[253.447953339,50.543208914, -0.000252015],[0,0,1,
    0],[ -1,1, -2,0],[9E+09,9E+09,9E+09,9E+09,9E+09,9E+09]];
    CONST robtarget Target_20: =[[15.740418218,50.543208914, -0.000252015],[0,0,1,
    0],[ -1,1, -2,0],[9E+09,9E+09,9E+09,9E+09,9E+09,9E+09]];
    CONST robtarget Target_30: =[[15.740418218,111.845890906, -0.000252015],[0,0,1,
    0],[ -1,1, -2,0],[9E+09,9E+09,9E+09,9E+09,9E+09,9E+09]];
    CONST robtarget Target_40: =[[17.975411832,146.089185925, -0.000252015],[0,0,1,
    0],[ -1,1, -3,0],[9E+09,9E+09,9E+09,9E+09,9E+09,9E+09]];
```

```
CONST robtarget Target_50: =[[21.687097656,159.559013512, -0.000252015],[0,0,1,
0],[ -1,1, -3,0],[9E +09,9E +09,9E +09,9E +09,9E +09,9E +09]];
CONST robtarget Target_60: =[[28.352167899,172.350360894, -0.000252015],[0,0,1,
0],[ -1,1, -3,0],[9E +09,9E +09,9E +09,9E +09,9E +09,9E +09]];
CONST robtarget Target_70: =[[37.491695357,183.505373665, -0.000252015],[0,0,1,
0],[ -1,1, -3,0],[9E +09,9E +09,9E +09,9E +09,9E +09,9E +09]];
CONST robtarget Target_80: =[[48.94603763,192.06619742, -0.000252015],[0,0,1,
0],[ -1,1, -3,0],[9E +09,9E +09,9E +09,9E +09,9E +09,9E +09]];
CONST robtarget Target_90: =[[63.074390121,197.513994355, -0.000252015],[0,0,1,
0],[ -1,1, -3,0],[9E +09,9E +09,9E +09,9E +09,9E +09,9E +09]];
CONST robtarget Target_100: =[[80.235948231,199.329926666, -0.000252015],[0,0,
1,0],[ -1,1, -3,0],[9E +09,9E +09,9E +09,9E +09,9E +09,9E +09]];
CONST robtarget Target_110: =[[104.262129585,196.017346845, -0.000252015],[0,
0,1,0],[ -1,1, -2,0],[9E +09,9E +09,9E +09,9E +09,9E +09,9E +09]];
CONST robtarget Target_120: =[[123.977966111,186.079607381, -0.000252015],[0,
0,1,0],[ -1,1, -2,0],[9E +09,9E +09,9E +09,9E +09,9E +09,9E +09]];
CONST robtarget Target_130: =[[139.263726009,170.434652081, -0.000252015],[0,
0,1,0],[ -1,1, -2,0],[9E +09,9E +09,9E +09,9E +09,9E +09,9E +09]];
CONST robtarget Target_140: =[[149.999677477,150.00042475, -0.000252015],[0,0,
1,0],[ -1,1, -2,0],[9E +09,9E +09,9E +09,9E +09,9E +09,9E +09]];
CONST robtarget Target_150: =[[253.447953339,234.610897292, -0.000252015],[0,
0,1,0],[ -1,1, -2,0],[9E +09,9E +09,9E +09,9E +09,9E +09,9E +09]];
CONST robtarget Target_160: =[[253.447953339,193.582800229, -0.000252015],[0,
0,1,0],[ -1,1, -2,0],[9E +09,9E +09,9E +09,9E +09,9E +09,9E +09]];
CONST robtarget Target_170: =[[158.939651934,118.231586947, -0.000252015],[0,
0,1,0],[ -1,1, -2,0],[9E +09,9E +09,9E +09,9E +09,9E +09,9E +09]];
CONST robtarget Target_180: =[[158.939651934,82.152404316, -0.000252015],[0,0,
1,0],[ -1,1, -2,0],[9E +09,9E +09,9E +09,9E +09,9E +09,9E +09]];
CONST robtarget Target_190: =[[253.447953339,82.152404316, -0.000252015],[0,0,
1,0],[ -1,1, -2,0],[9E +09,9E +09,9E +09,9E +09,9E +09,9E +09]];
CONST robtarget Target_200: =[[253.447953339,50.543208914, -0.000252015],[0,0,
1,0],[ -1,1, -2,0],[9E +09,9E +09,9E +09,9E +09,9E +09,9E +09]];
PROC main()
  WaitDI qidong,1;
  SetDO yunxingL,1;
  chushihua;
  huitugzz;
  Reset yunxingL;
ENDPROC
PROC chushihua()
  MoveJ Phome,v1000,z100,huitu\WObj: =wobj1;
ENDPROC
PROC huitugzz()
  MoveJ Target_10,v1000,z100,huitu\WObj: =wobj1;
  MoveL Target_20,v1000,fine,huitu\WObj: =wobj1;
  MoveL Target_30,v1000,z5,huitu\WObj: =wobj1;
  MoveL Target_40,v1000,z10,huitu\WObj: =wobj1;
  MoveL Target_50,v1000,z10,huitu\WObj: =wobj1;
  MoveL Target_60,v1000,z10,huitu\WObj: =wobj1;
```

```
    MoveL Target_70,v1000,z10,huitu\WObj: = wobj1;
    MoveL Target_80,v1000,z10,huitu\WObj: = wobj1;
    MoveL Target_90,v1000,z10,huitu\WObj: = wobj1;
    MoveL Target_100,v1000,z10,huitu\WObj: = wobj1;
    MoveL Target_110,v1000,z10,huitu\WObj: = wobj1;
    MoveL Target_120,v1000,z10,huitu\WObj: = wobj1;
    MoveL Target_130,v1000,z10,huitu\WObj: = wobj1;
    MoveL Target_140,v1000,z10,huitu\WObj: = wobj1;
    MoveL Target_150,v1000,fine,huitu\WObj: = wobj1;
    MoveL Target_160,v1000,fine,huitu\WObj: = wobj1;
    MoveL Target_170,v1000,fine,huitu\WObj: = wobj1;
    MoveL Target_180,v1000,fine,huitu\WObj: = wobj1;
    MoveL Target_190,v1000,fine,huitu\WObj: = wobj1;
    MoveL Target_200,v1000,fine,huitu\WObj: = wobj1;
    ENDPROC
ENDMODULE
```

三、工作站打包及备份

工作站打包及备份步骤如下。

（1）工作站的备份对于后续恢复工作站的重要数据非常有帮助，在此需要单击"控制器"选项卡，选择"备份"→"创建备份"命令，弹出"从 huitu 创建备份"对话框，选择位置和备份名称，如图 5 – 2 – 34 所示。

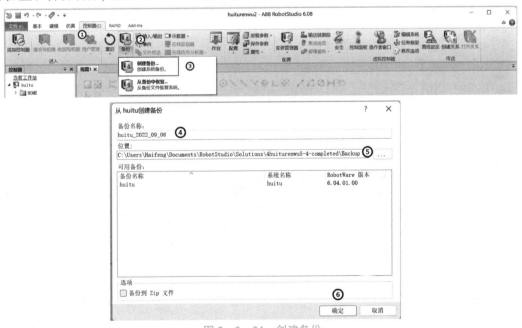

图 5 – 2 – 34　创建备份

（2）工作站的打包是将已经完成的工作站的模型、程序、数据按照已经设计的逻辑关系作为整体工作站保存下来。单击"文件"选项卡，选择"共享"→"打包"命令，如图5－2－35所示。在弹出的"打包"对话框中设置打包地址，如图5－2－36所示。

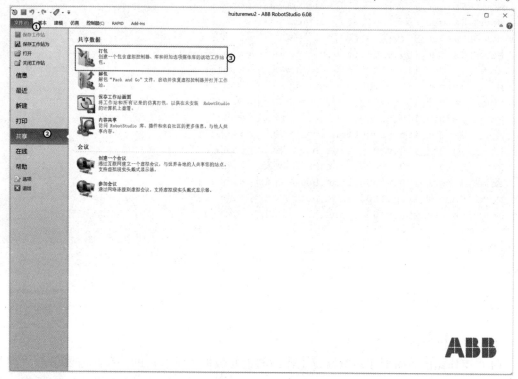

图 5 – 2 – 35　打包文件

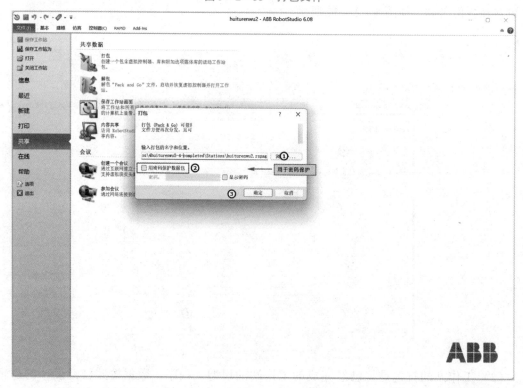

图 5 – 2 – 36　打包地址

（3）在"文件"选项卡中还可以选择"共享""保存工作画面"等命令，如图5-2-37所示。

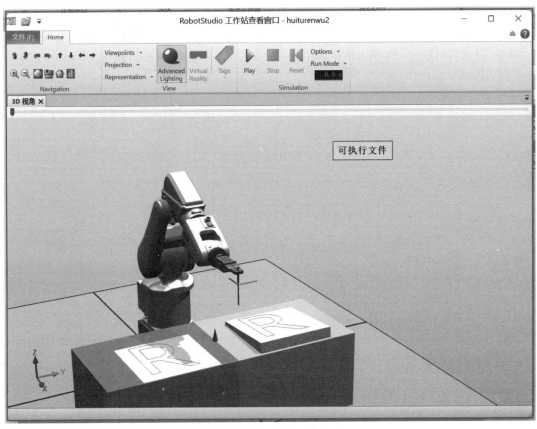

图5-2-37 保存工作画面

任务评价

完成任务后，利用表5-2-3进行评价。

表5-2-3 任务评价表

	专业知识评价（60分）			过程评价（30分）	素养评价（10分）
任务评价	基础I/O配置方法（20分）	自动生成轨迹的方法（20分）	对于运动路径过程中轴配置的调整（20分）	穿戴工装、整洁（6分）；具有安全意识、责任意识、服从意识（2分）；与教师、其他成员之间有礼貌地交流、互动（9分）；能积极主动参与、实施检测任务（9分）	能做到安全生产、文明操作、保护环境、爱护公共设施设备（5分）；工作态度端正，无无故缺勤、迟到、早退现象（5分）

续表

学习评价	专业知识评价（60分）									过程评价（30分）			素养评价（10分）		
	自我评价（5分）	学生互评（5分）	教师评价（10分）	自我评价（5分）	学生互评（5分）	教师评价（10分）	自我评价（5分）	学生互评（5分）	教师评价（10分）	自我评价（10分）	学生互评（10分）	教师评价（10分）	自我评价（3分）	学生互评（3分）	教师评价（4分）
评价得分															
得分汇总															
学生小结															
教师点评															

任务三　绘图工作站工件坐标的应用编程与仿真

任务描述

绘图工作站工件坐标的应用是指当现场承载工件工作台发生偏移或旋转时，通过改变工件坐标就可以免去重新编程的麻烦，从而节省了编程、示教的时间。如图5-3-1所示，图中两个R形轨迹，两个R均在相同的工作台上，但是当绘制轨迹需要从左图变换到右图时，我们只需要更改工件坐标就可以了，不需要重新进行编程。

图5-3-1　工件坐标的应用

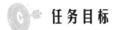 **任务目标**

（1）通过工件坐标的灵活应用完成在工件出现位移或旋转的情况下程序的再利用，节约时间、提高效率。

（2）能够了解绘图工作站的应用。

（3）能够掌握绘图工作站工具坐标系、工件坐标系的建立方法。

（4）能够掌握自动生成轨迹的方法。

（5）培养学生学习能力，能够对已经掌握的知识有一定的延展性。

绘图工作站工件
坐标的应用编程
与仿真

任务实施

更换工件坐标有两种方法，一种方法是在 RobotStudio 环境下使用虚拟仿真的方法更换工件坐标，这种方法非常简单，可以大大提高编程效率；另一种方法是在实际是用环境下使用示教器进行工件坐标的重新定义，然后进行重新调试。

第一种方法，在 RobotStudio 环境下更换工件坐标。

（1）在 RobotStudio 环境下，打开"huiturenwu2"工作站，可看到"wobj1"，如图 5-3-2 所示。

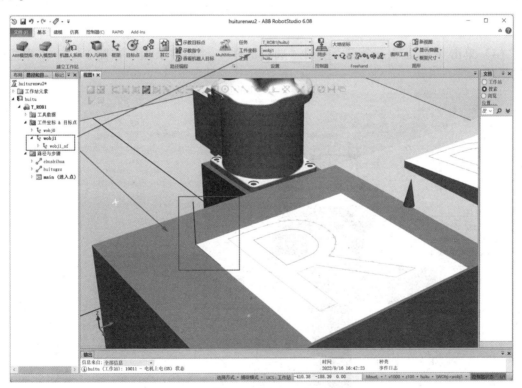

图 5-3-2　wobj1

（2）右击 wobj1，在弹出的快捷菜单中选择"修改工件坐标"命令，如图 5-3-3 所示。

（3）在"修改工件坐标"窗格中，用户坐标框架下单击"取点创建框架"，点选"三点"单选按钮。

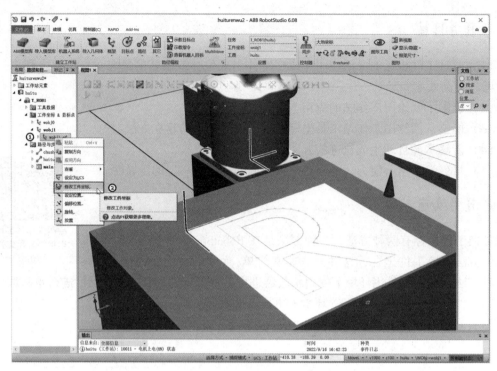

图 5 - 3 - 3　修改工件坐标

（4）单击 X 轴上第一个点，使用"选择部件""捕捉末端"在图 5 - 3 - 4 中选中 "X1"点。

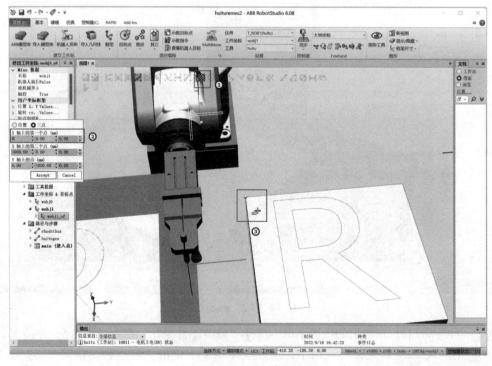

图 5 - 3 - 4　"X1"点

（5）单击 X 轴上第二个点，使用"选择部件"　"捕捉末端"在图 5 – 3 – 5 中选中"X2"点。

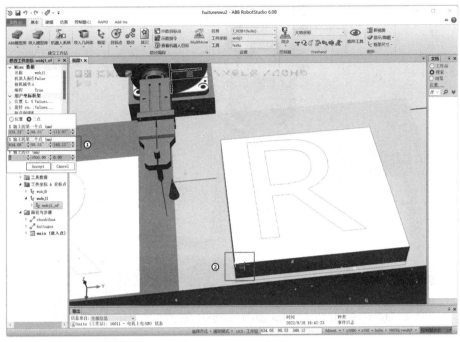

图 5 – 3 – 5　"X2"点

（6）单击 Y 轴上的点，使用"选择部件""捕捉末端"在图 5 – 3 – 6 中选中"Y"点，再单击"Accept"按钮，生成新的工件坐标"wobj1"。新旧坐标的对比如图 5 – 3 – 7 所示。

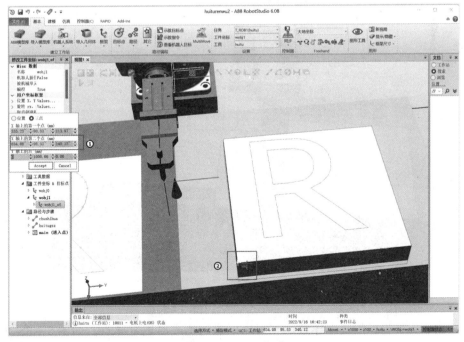

图 5 – 3 – 6　"Y"点

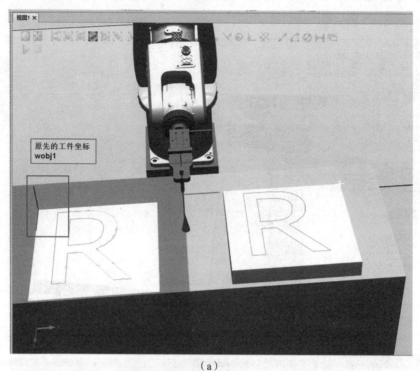

（a）

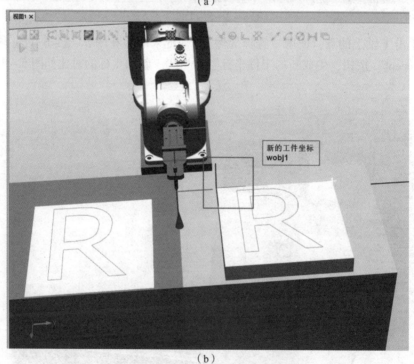

（b）

图 5 - 3 - 7　新旧坐标对比

（7）由于工件坐标的变更导致原有程序不能到达或出现奇异点，如图 5 - 3 - 8 所示。此时，在"chushihua"子程序上右击，在弹出的快捷菜单中选择"修改位置"命令，由于这个工作站工具处于初始位置，不需要再次进行示教，如图5-3-9所示。

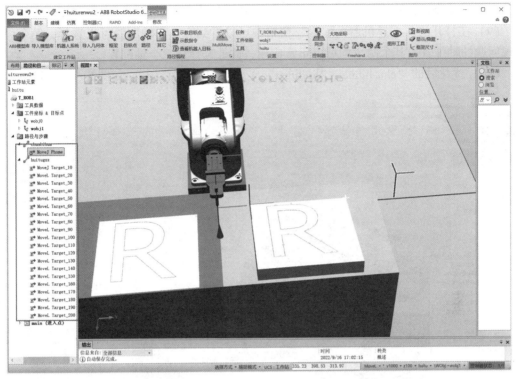

图5-3-8 不能到达或出现奇异点

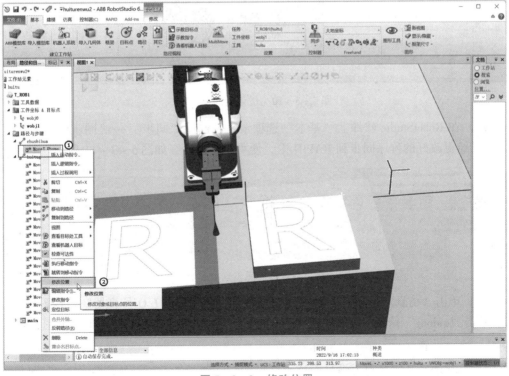

图5-3-9 修改位置

（8）右击"huitugzz"子程序，在弹出的快捷菜单中选择"自动配置"→"线性/圆周移动指令"命令进行优化。

（9）在打开的"选择机器人配置"窗格中可以看到有 3 个轴配置可以选择，第一个为出现问题的轴配置，其余两个均可以正常应用，此处选择第三个轴配置。

（10）优化后的"chushihua""huitugzz"子程序均能正常运行，如图 5 - 3 - 10 所示。

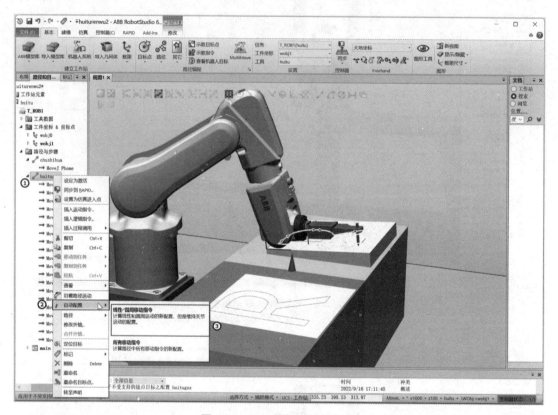

图 5 - 3 - 10　优化后的子程序

（11）在 RobotStudio 软件上"基本"选项卡下，选择"同步"→"同步到 RAPID"命令，把已经更改好的程序同步到 RAPID 中，便可正常运行，如图 5 - 3 - 11 所示。

图 5 - 3 - 11　同步到 RAPID

（12）单击"仿真"选项卡下的"播放"按钮，再单击"I/O 仿真器"，选择"d652 系统"，单击"qidong"信号，可以看到"yunxingL"亮，机器人开始绘制图形，如图 5 - 3 - 12 所示。

第二种方法，在示教器下进行更换工件坐标。

（1）在示教器下，打开"ABB"菜单，单击"手动操纵"，如图 5 - 3 - 13 所示。

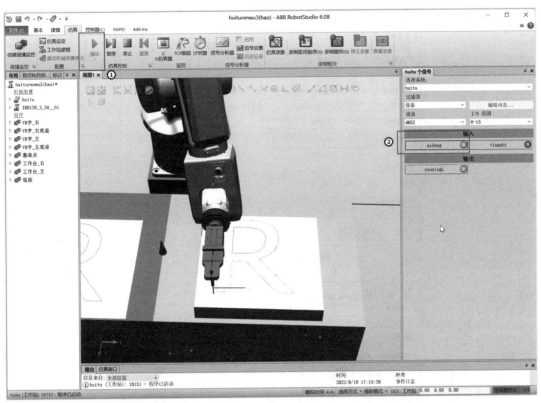

图 5 - 3 - 12 机器人开始绘制图形

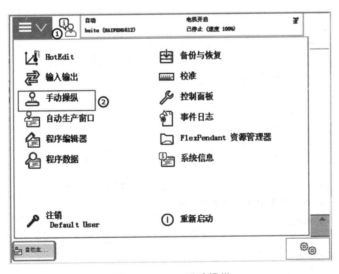

图 5 - 3 - 13 手动操纵

（2）在"手动操纵"界面，单击工件坐标"wobj1"，如图 5 - 3 - 14 所示。

（3）在当前"wobj1"界面下，选择"wobj1"，单击"编辑"→"定义"命令，可重新定义工件坐标，如图 5 - 3 - 15 所示。

（4）在工件坐标"wobj1"的"定义"界面，用户方法选择"3 点"，如图 5 - 3 - 16 所示。

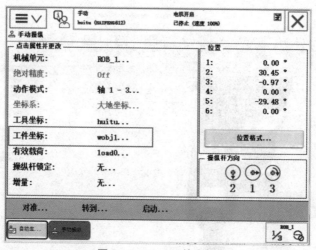

图 5 – 3 – 14　工件坐标

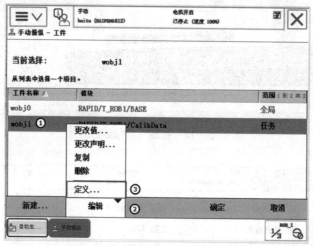

图 5 – 3 – 15　重新定义工件坐标

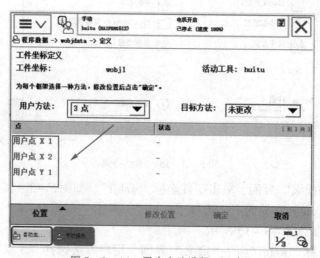

图 5 – 3 – 16　用户方法选择 "3 点"

（5）单击示教器线性运动和重定位运动模式开关，选择"线性运动"，如图 5 - 3 - 17 所示，移动绘图工具到 X 轴上的第一个点，如图 5 - 3 - 18 所示。

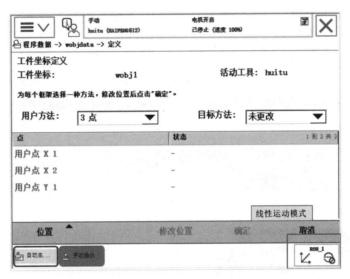

图 5 - 3 - 17　选择"线性运动"

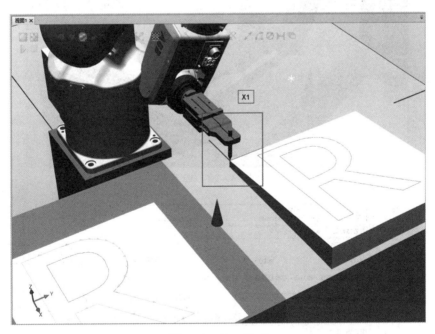

图 5 - 3 - 18　X1 点

（6）在示教器上单击"修改位置"按钮，保存 X 轴上第一个点，如图 5 - 3 - 19 所示。

（7）使用示教器移动绘图工具到 X 轴上第二个点，如图 5 - 3 - 20 所示。

（8）在示教器上选择"用户点 X2"，单击"修改位置"按钮，保存 X 轴上第二个点，如图 5 - 3 - 21 所示。

（9）使用示教器移动绘图工具到 Y 轴上的点，如图 5 - 3 - 22 所示。

工业机器人仿真与编程

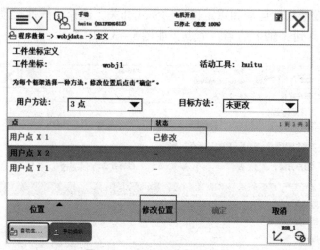

图 5-3-19 X1 点修改位置

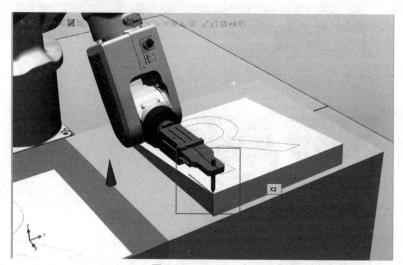

图 5-3-20 X2 点

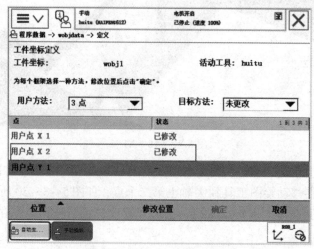

图 5-3-21 X2 点修改位置

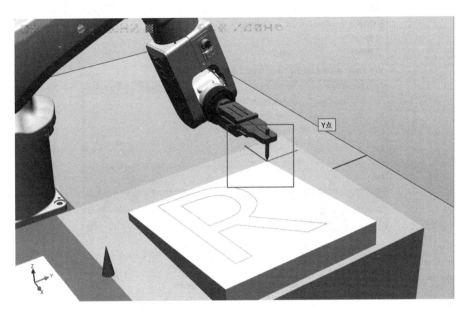

图 5 – 3 – 22　Y 轴上的点

（10）在示教器上选择"用户点 Y1"，单击"修改位置"按钮，保存 Y 轴上的点，并单击"确定"按钮，如图 5 – 3 – 23 所示，完成工件坐标的更改后出现如图 5 – 3 – 24 所示的坐标，单击"确定"按钮，即可使用。

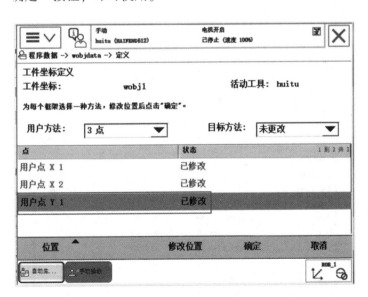

图 5 – 3 – 23　Y 点修改位置

到此使用示教器更改工件坐标已经完毕，但是会出现轴配置出错或超出工作范围现象，建议结合 RobotStudio 进行轴配置或如图 5 – 3 – 25 所示逐个坐标点进行更改轴配置。绘图工作站完整程序如下所示。

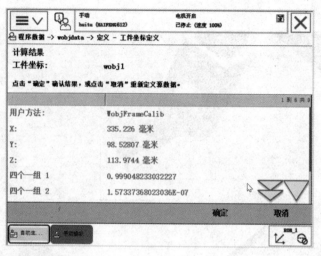

图 5-3-24　完成更改后的坐标

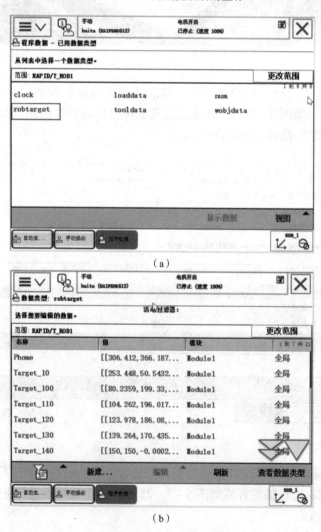

（a）

（b）

图 5-3-25　更改轴配置

```
MODULE Module1
  CONST robtarget Phome: = [[339.391085572, -98.528,244.430658321],[0.043619902,
0, -0.999048199,0],[0,0,0,1],[9E +09,9E +09,9E +09,9E +09,9E +09,9E +09]];
  CONST robtarget Target_10: = [[253.447953339,50.543208914, -0.000252015],[0,0,1,
0],[0,0, -1,1],[9E +09,9E +09,9E +09,9E +09,9E +09,9E +09]];
  CONST robtarget Target_20: = [[15.740418218,50.543208914, -0.000252015],[0,0,1,
0],[0,0,0,1],[9E +09,9E +09,9E +09,9E +09,9E +09,9E +09]];
  CONST robtarget Target_30: = [[15.740418218,111.845890906, -0.000252015],[0,0,1,
0],[0,0,0,1],[9E +09,9E +09,9E +09,9E +09,9E +09,9E +09]];
  CONST robtarget Target_40: = [[17.975411832,146.089185925, -0.000252015],[0,0,1,
0],[0,0,0,1],[9E +09,9E +09,9E +09,9E +09,9E +09,9E +09]];
  CONST robtarget Target_50: = [[21.687097656,159.559013512, -0.000252015],[0,0,1,
0],[0,0, -1,1],[9E +09,9E +09,9E +09,9E +09,9E +09,9E +09]];
  CONST robtarget Target_60: = [[28.352167899,172.350360894, -0.000252015],[0,0,1,
0],[0,0, -1,1],[9E +09,9E +09,9E +09,9E +09,9E +09,9E +09]];
  CONST robtarget Target_70: = [[37.491695357,183.505373665, -0.000252015],[0,0,1,
0],[0,0, -1,1],[9E +09,9E +09,9E +09,9E +09,9E +09,9E +09]];
  CONST robtarget Target_80: = [[48.94603763,192.06619742, -0.000252015],[0,0,1,
0],[0,0, -1,1],[9E +09,9E +09,9E +09,9E +09,9E +09,9E +09]];
  CONST robtarget Target_90: = [[63.074390121,197.513994355, -0.000252015],[0,0,1,
0],[0,0, -1,1],[9E +09,9E +09,9E +09,9E +09,9E +09,9E +09]];
  CONST robtarget Target_100: = [[80.235948231,199.329926666, -0.000252015],[0,0,
1,0],[0,0, -1,1],[9E +09,9E +09,9E +09,9E +09,9E +09,9E +09]];
  CONST robtarget Target_110: = [[104.262129585,196.017346845, -0.000252015],[0,
0,1,0],[0,0, -1,1],[9E +09,9E +09,9E +09,9E +09,9E +09,9E +09]];
  CONST robtarget Target_120: = [[123.977966111,186.079607381, -0.000252015],[0,
0,1,0],[0,0, -1,1],[9E +09,9E +09,9E +09,9E +09,9E +09,9E +09]];
  CONST robtarget Target_130: = [[139.263726009,170.434652081, -0.000252015],[0,
0,1,0],[0,0, -1,1],[9E +09,9E +09,9E +09,9E +09,9E +09,9E +09]];
  CONST robtarget Target_140: = [[149.999677477,150.00042475, -0.000252015],[0,0,
1,0],[0,0, -1,1],[9E +09,9E +09,9E +09,9E +09,9E +09,9E +09]];
  CONST robtarget Target_150: = [[253.447953339,234.610897292, -0.000252015],[0,
0,1,0],[0,0, -1,1],[9E +09,9E +09,9E +09,9E +09,9E +09,9E +09]];
  CONST robtarget Target_160: = [[253.447953339,193.582800229, -0.000252015],[0,
0,1,0],[0,0, -1,1],[9E +09,9E +09,9E +09,9E +09,9E +09,9E +09]];
  CONST robtarget Target_170: = [[158.939651934,118.231586947, -0.000252015],[0,
0,1,0],[0,0, -1,1],[9E +09,9E +09,9E +09,9E +09,9E +09,9E +09]];
  CONST robtarget Target_180: = [[158.939651934,82.152404316, -0.000252015],[0,0,
1,0],[0,0, -1,1],[9E +09,9E +09,9E +09,9E +09,9E +09,9E +09]];
  CONST robtarget Target_190: = [[253.447953339,82.152404316, -0.000252015],[0,0,
1,0],[0,0, -1,1],[9E +09,9E +09,9E +09,9E +09,9E +09,9E +09]];
  CONST robtarget Target_200: = [[253.447953339,50.543208914, -0.000252015],[0,0,
1,0],[0,0, -1,1],[9E +09,9E +09,9E +09,9E +09,9E +09,9E +09]];
  PROC main( )
    WaitDI qidong,1;
    SetDO yunxingL,1;
    chushihua;
    huitugzz;
    Reset yunxingL;
```

```
ENDPROC
PROC chushihua()
 MoveJ Phome,v1000,z100,huitu\WObj:=wobj1;
ENDPROC
PROC huitugzz()
 MoveJ Target_10,v1000,z100,huitu\WObj:=wobj1;
 MoveL Target_20,v1000,fine,huitu\WObj:=wobj1;
 MoveL Target_30,v1000,z5,huitu\WObj:=wobj1;
 MoveL Target_40,v1000,z10,huitu\WObj:=wobj1;
 MoveL Target_50,v1000,z10,huitu\WObj:=wobj1;
 MoveL Target_60,v1000,z10,huitu\WObj:=wobj1;
 MoveL Target_70,v1000,z10,huitu\WObj:=wobj1;
 MoveL Target_80,v1000,z10,huitu\WObj:=wobj1;
 MoveL Target_90,v1000,z10,huitu\WObj:=wobj1;
 MoveL Target_100,v1000,z10,huitu\WObj:=wobj1;
 MoveL Target_110,v1000,z10,huitu\WObj:=wobj1;
 MoveL Target_120,v1000,z10,huitu\WObj:=wobj1;
 MoveL Target_130,v1000,z10,huitu\WObj:=wobj1;
 MoveL Target_140,v1000,z10,huitu\WObj:=wobj1;
 MoveL Target_150,v1000,fine,huitu\WObj:=wobj1;
 MoveL Target_160,v1000,fine,huitu\WObj:=wobj1;
 MoveL Target_170,v1000,fine,huitu\WObj:=wobj1;
 MoveL Target_180,v1000,fine,huitu\WObj:=wobj1;
 MoveL Target_190,v1000,fine,huitu\WObj:=wobj1;
 MoveL Target_200,v1000,fine,huitu\WObj:=wobj1;
 ENDPROC
ENDMODULE
```

任务评价

完成任务后，利用表5–3–1进行评价。

表5–3–1 任务评价表

	专业知识评价（60分）			过程评价（30分）	素养评价（10分）
任务评价	绘图工作站工具坐标系、工件坐标系的建立（20分）	自动生成轨迹的方法（20分）	更新工件坐标后的程序调试（20分）	穿戴工装、整洁（6分）； 具有安全意识、责任意识、服从意识（6分）； 与教师、其他成员之间有礼貌地交流、互动（9分）； 能积极主动参与、实施检测任务（9分）	能做到安全生产、文明操作、保护环境、爱护公共设施设备（5分）； 工作态度端正，无无故缺勤、迟到、早退现象（5分）

学习评价	专业知识评价（60 分）									过程评价（30 分）			素养评价（10 分）		
	自我评价（5 分）	学生互评（5 分）	教师评价（10 分）	自我评价（5 分）	学生互评（5 分）	教师评价（10 分）	自我评价（5 分）	学生互评（5 分）	教师评价（10 分）	自我评价（10 分）	学生互评（10 分）	教师评价（10 分）	自我评价（3 分）	学生互评（3 分）	教师评价（4 分）
评价得分															
得分汇总															
学生小结															
教师点评															

任务四　搬运工作站正方形物料搬运应用编程与仿真

任务描述

　　搬运工作站可以完成物料取料、放料的搬运工作，该任务使用 IRB120 工业机器人与吸盘工具完成正方形物料的搬运。在这个过程中需要配置 I/O、建立吸盘工具坐标系、建立搬运物料工作台的工件坐标系、建立 Smart 组件、完成程序的编写与调试，最终完成正方形物料的搬运工作，如图 5 – 4 – 1 所示。

图 5 – 4 – 1　正方形物料搬运工作

任务目标

（1）学会工业机器人常用 I/O 板 DSQC652 的设置方法。

（2）学会工业机器人 I/O 信号的设置方法。

（3）学会使用软件在离线状态下进行工具坐标系及工件坐标系的建立。

搬运工作站正方形
物料搬运应用编程
与仿真——I/O 配置

任务实施

一、配置 I/O

在本模块任务二中介绍如何在 RobotStudio 软件中使用虚拟示教器配置 I/O，其方法与真正的操纵工业机器人基本上是一样的。本任务配置 I/O 参数时，参照表5-4-1 配置。

表5-4-1　I/O 单元参数

参数名称	设定值
Name	Board10
Type of Unit	d652
Connected to Bus	DeviceNet
DeviceNet Address	10

（1）在"banyunrenwu1"工作站内，打开"控制器"选项卡，选择"配置"→"I/O System"命令，进行 I/O 信号板的配置，如图5-4-2 所示。

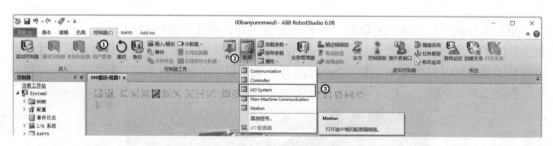

图5-4-2　选择"I/O System"命令

（2）在"I/O System"内，右击"DeviceNet Device"，再在右侧窗格右击"新建 DeviceNet Device"，如图5-4-3 所示。

（3）在打开的"实例编辑器"对话框中，选择"使用来自模板的值"下拉菜单内的"DSQC652 24 VDC I/O Device"命令，如图5-4-4 所示。

（4）在该对话框中按照表5-4-1 将 Name 设置为"Board10"，代表地址为 10 的信号板，Address 就是地址设置为"10"，代表这个信号板在总线通讯过程中的地址为"10"，其余信息在选择 DQSC652 信号板之后会自动生成，最后单击"确定"按钮后重启就可以完成 I/O 信号板的配置，如图5-4-5 所示。

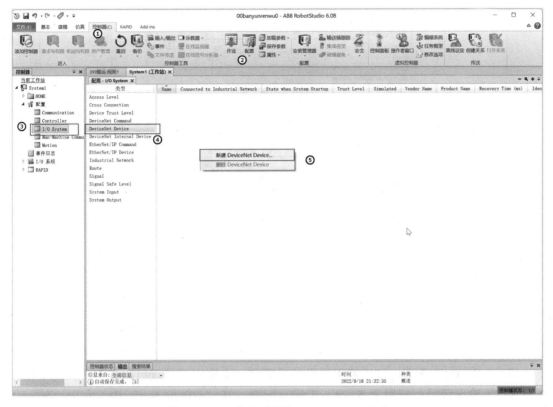

图 5 - 4 - 3 右击"新建 DeviceNet Device"

图 5 - 4 - 4 选择"DSQC652 24 VDC I/O Device"命令

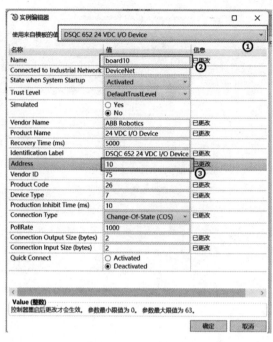

图 5 - 4 - 5 I/O 配置

（5）I/O 信号的配置，这里使用的吸盘只需要一个输出信号就可以控制，因此本任务中只有数字输出信号，按照表 5 - 4 - 2 进行配置。在 "I/O System" 内，右击 "Signal"（信号），在右侧窗格右击 "新建 Signal"，如图 5 - 4 - 6 所示。

表 5 - 4 - 2 I/O 信号的配置参数

参数名称	设定值
Name	xi
Type of Signal	Digital Output
Assigned to Device	Board10
Device Mapping	16

（6）在打开的 "实例编辑器" 对话框内，按照表 5 - 4 - 2 将 Name 设置为 "xi"（表示吸盘动作），Type of Signal（信号类型）设置为数字输出 "Digital Output"，Assigned to Device（归属到设备）选择 "Board10"，即刚刚配置好的 I/O 信号板 Board10，这个数字输出信号的地址 Device Mapping 设置为 "16"，如图 5 - 4 - 7 所示。

（7）如图 5 - 4 - 8 所示，使用同样的方法创建 "jh" 数字输出信号用于激活 "Attacher" Smart，此处可以理解为本任务中的虚拟信号，在实际工业机器人操作过程中，此步骤可以忽略，不需要设置类似激活信号，然后单击 "确定" 按钮并重启，完成信号 "xi" "jh" 的配置，如图 5 - 4 - 9 所示。

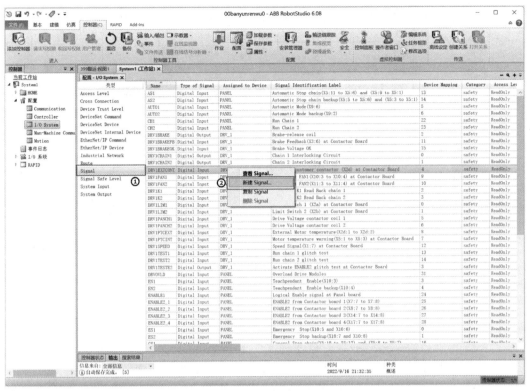

图 5 - 4 - 6　新建 Signal

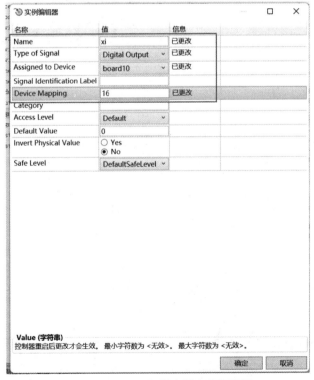

图 5 - 4 - 7　"xi" 数字输出信号配置

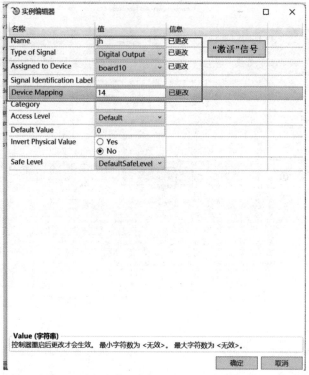

图 5 - 4 - 8 "jh" 信号

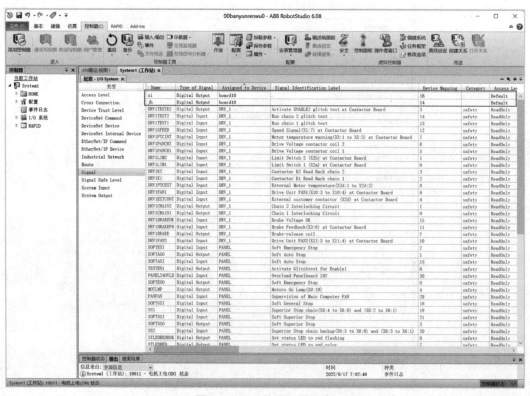

图 5 - 4 - 9 信号配置完成

搬运工作站正方形物料搬运
应用编程与仿真——
工具坐标系和工件坐标系的建立

二、建立工具坐标系

建立工具坐标系的步骤如下。

（1）在 RobotStudio 软件中的"基本"选项卡下选择"其他"→"创建工具数据"，如图 5-4-10 所示。

图 5-4-10　创建工具数据

（2）在"创建工具数据"窗格中，命名工具为"xipan"，重量改为"1"kg，重心默认使用"0，0，1"，如图 5-4-11 所示。单击"工具坐标框架"下拉按钮，准备建立新的坐标框架。

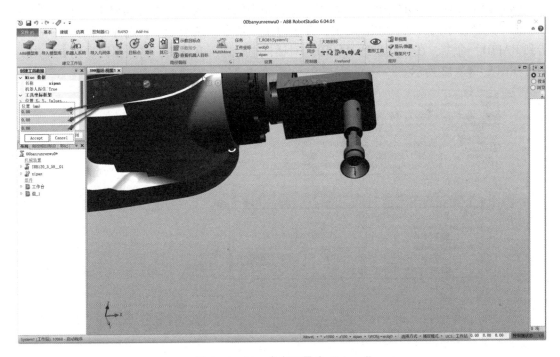

图 5-4-11　命名工具为"xipan"

（3）在视图窗口中选择"选择部件""捕捉中心"，"工具坐标框架"组"位置"中的 X 选择吸盘中心位置，以此来选定创建工具坐标框架的位置，单击"Accept"按钮，再单击"创建"按钮，完成工具坐标系的创建，如图 5-4-12 所示。

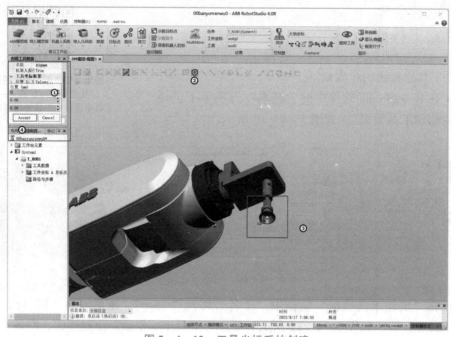

图 5 - 4 - 12　工具坐标系的创建

（4）为了保证 RAPID 中的工具数据与工作站中的数据同步，此处需要将工作站中刚刚建立的工具坐标系同步到 RAPID 之中，方法为在"基本"选项卡下，选择"同步"→"同步到 RAPID"命令，在"同步到 RAPID"对话框中勾选所有选项，将数据同步到 RAPID 之中，如图 5 - 4 - 13 所示。

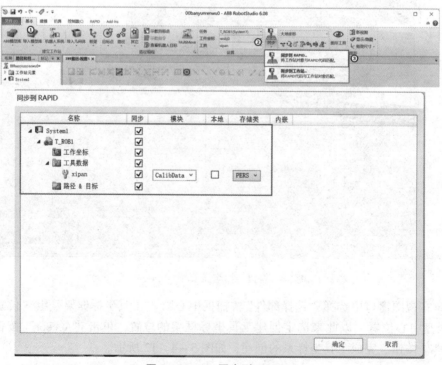

图 5 - 4 - 13　同步到 RAPID

三、建立工件坐标系

建立工件坐标系的步骤如下。

（1）在 RobotStudio 软件中的"基本"选项卡下选择"其他"→"创建工件坐标"命令，如图 5 - 4 - 14 所示。

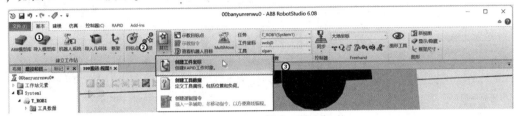

图 5 - 4 - 14　创建工件坐标

（2）在"创建工件坐标"窗格中，将工件坐标命名为"banyun"，如图 5 - 4 - 15 所示。

图 5 - 4 - 15　工件坐标命名

（3）在"创建工件坐标"窗格中，"用户坐标框架"下单击"取点创建框架"，点选"三点"单选按钮，如图 5 - 4 - 15 所示。

（4）单击 X 轴上第一个点，使用"选择部件""捕捉末端"选中"X1"点，如图 5 - 4 - 16 所示。此处由于搬运工作站的平台没有固定的选择点，选择模型中固定处安装圆孔的圆心为基准点。

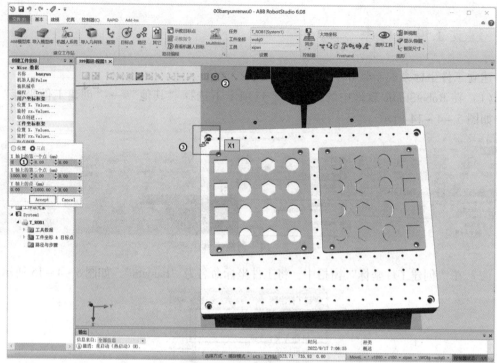

图 5 - 4 - 16 "X1" 点

（5）单击 X 轴上第二个点，使用"选择部件" "捕捉末端"选中"X2"点，如图 5 - 4 -17所示。

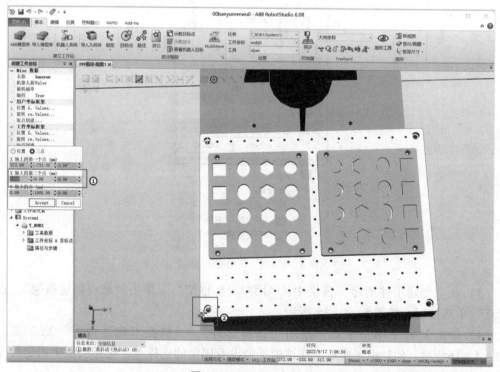

图 5 - 4 - 17 "X2" 点

（6）单击 Y 轴上的点，使用"选择部件""捕捉末端"选中"Y"点，如图 5 - 4 - 18 所示，再依次单击"Accept""创建"按钮，即可生成新的工件坐标"banyun"，如图 5 - 4 - 19 所示。

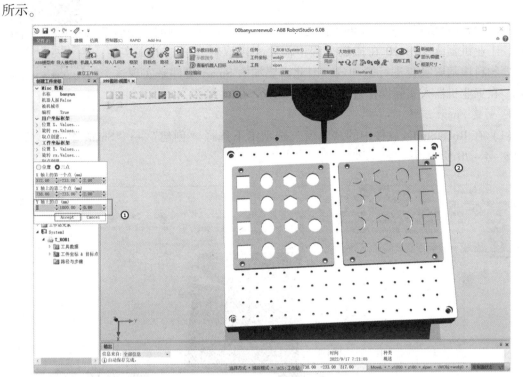

图 5 - 4 - 18　"Y"点

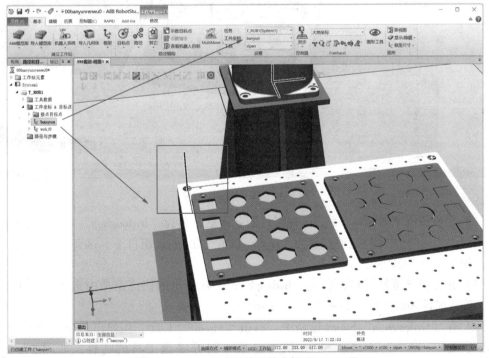

图 5 - 4 - 19　完成后的工件坐标"banyun"

四、建立 Smart 组件

Smart 组件在仿真过程中能够增强动画效果，由于此次实现的为搬运工作站，工业机器人 IRB120 在搬运过程中需要实现取料和放料的真实性，就需要物料块随着吸盘进行搬和放，因此需要加入 Smart 组件来实现这个效果。在工业机器人实际操作过程中不需要建立 Smart 组件。

1. 创建 Smart 组件

（1）在 RobotStudio 软件中的"建模"选项卡下选择"创建"→"Smart 组件"命令，如图 5 - 4 - 20 所示。

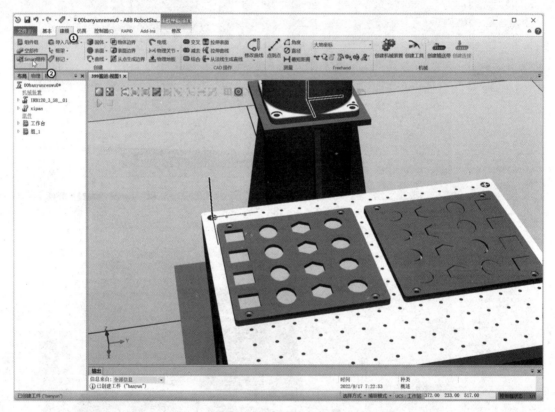

图 5 - 4 - 20 Smart 组件

（2）在资源浏览器窗口，将 Smart 组件的名称重命名为"bydonghua"（搬运动画），然后将名为"xipan"的工具拖动到名为"bydonghua"的 Smart 组件下，准备进行 Smart 组件编辑，如图 5 - 4 - 21 所示。

（3）在资源浏览器窗口，右击"bydonghua"，在弹出的快捷菜单中选择"编辑组件"命令，进入组件编辑界面，如图 5 - 4 - 22 所示。

（4）在"bydonghua"Smart 窗格中，右击"xipan"工具，在弹出的快捷菜单中选择"设定为 Role"命令，让这个 Smart 组件继承一部分吸盘工具的特性，如图 5 - 4 - 23 所示。

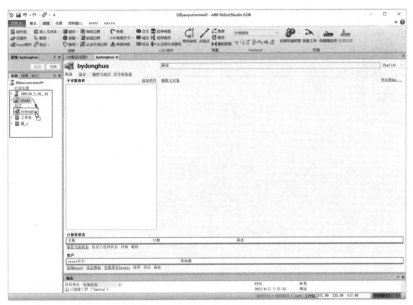

图 5 – 4 – 21　重命名 Smart 组件

图 5 – 4 – 22　编辑组件

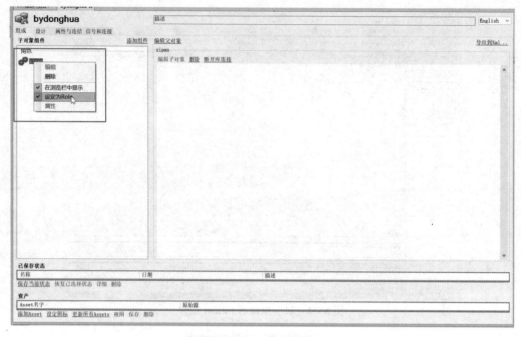

图 5 – 4 – 23　设定为 Role

2. 创建 LineSensor 组件

（1）在"bydonghua"Smart 窗格的"子对象组件"中，单击"添加组件"按钮，选择"LineSensor"命令，创建传感器组件，如图 5 – 4 – 24 所示。

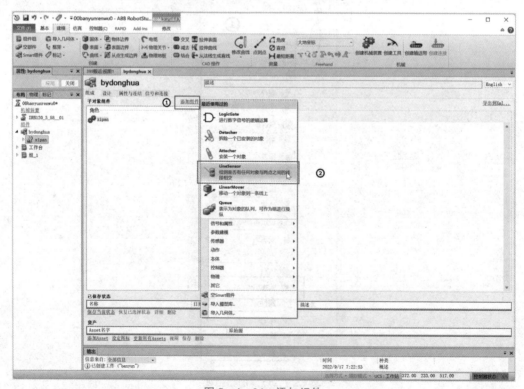

图 5 – 4 – 24　添加组件

（2）在 LineSensor 属性窗格中，单击"Start"中的 X 点，然后选择视图窗口中的"捕捉圆心"，再选择如图 5-4-25 所示的开始点。

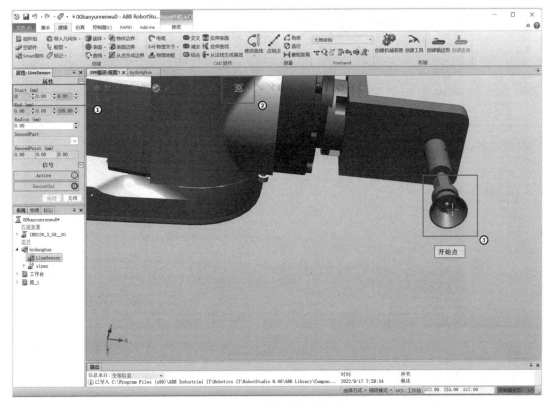

图 5-4-25　选择开始点

（3）在 LineSensor 属性窗格中，传感器半径 Radius 设置为"3 mm"，激活信号 Active 设置为"1"，单击"End"中的 X 点，然后选择视图窗口中的"捕捉圆心"。

但是，这里应谨记：为了能让吸盘上的传感器检测出被吸取物料，必须将该传感器探出吸盘，因此需要手动改变这个位置的 Z 轴坐标，此处将原先取点所得的"End"中的 Z 点减小 4 mm，使其能够探出吸盘，然后单击"应用"按钮即可，如图 5-4-26 所示，完成传感器的设置。

（4）虽然传感器已经生成，但是这个传感器与工业机器人 IRB20 还没有任何关系，必须保证该传感器固定安装在这个位置，就像吸盘工具安装在法兰盘一样才可以实现后期的应用。因此，最后一步极为重要，需要手动拖动传感器 LineSensor 到 IRB120_3_58_01 机器人处（或右击传感器，将其安装到 IRB120_3_58_01），如图 5-4-27 所示。

（5）安装到 IRB120_3_58 后，不更新传感器位置，在"更新位置"对话框中单击"否"按钮，如图 5-4-28 所示。这是因为此时的位置正好在吸盘应用之处。

（6）单击"基本"选项卡下的"手动线性"按钮，对吸盘进行拖动，验证传感器已经正常安装在吸盘末端并且能够随吸盘同步运动，如图 5-4-29 所示。

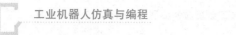

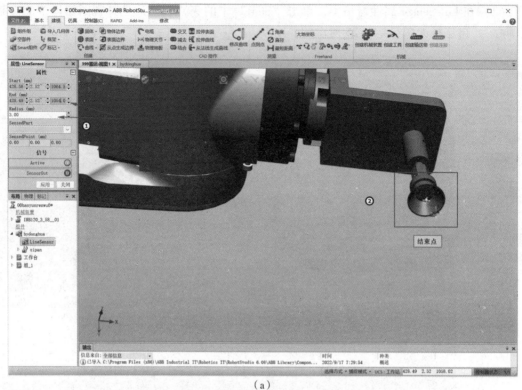

（a）

（b）

图 5 - 4 - 26　完成传感器的设置

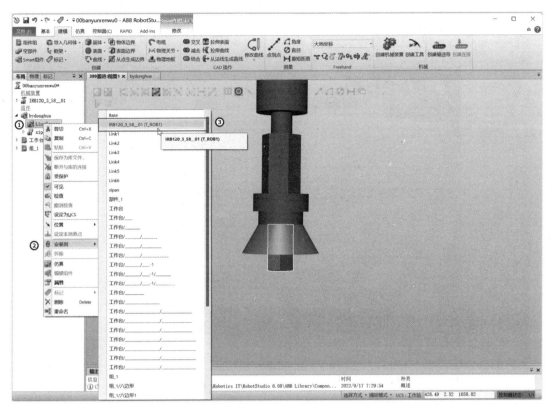

图 5 - 4 - 27　安装传感器

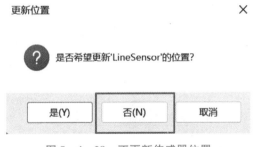

图 5 - 4 - 28　不更新传感器位置

3. 创建 Attacher 安装对象组件

（1）在资源浏览器窗口，右击"bydonghua"，在弹出的快捷菜单中选择"编辑组件"命令，进入组件编辑界面，单击"添加组件"按钮，选择"Attacher"命令，安装一个对象，如图 5 - 4 - 30 所示。

（2）在"Attacher"属性窗格中出现的"Parents"表示父对象，即要把安装对象安装到父对象处，此处应该是将物料安装到吸盘上，因此选择"xipan"；"child"表示安装对象，此处安装对象是 4 个相同的正方形物料，搬运过程不能确定是哪一块物料，因此此处默认不填写即可，如图 5 - 4 - 31 所示。

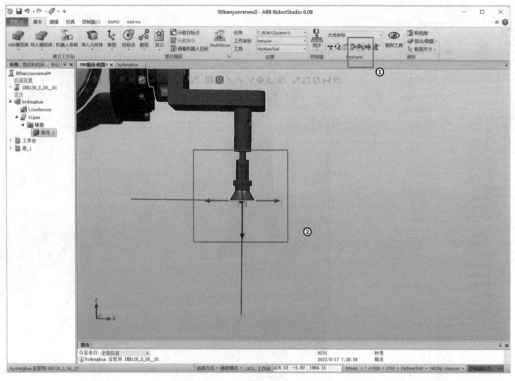

图 5 − 4 − 29　验证传感器的安装

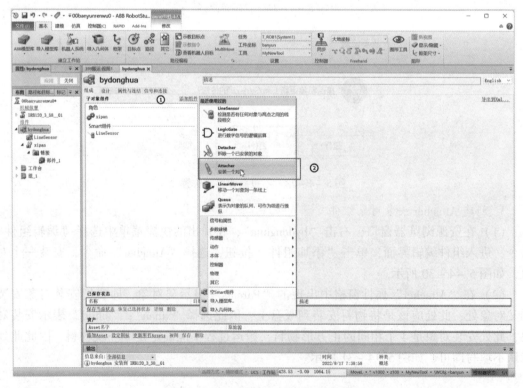

图 5 − 4 − 30　添加 "Attacher" 组件

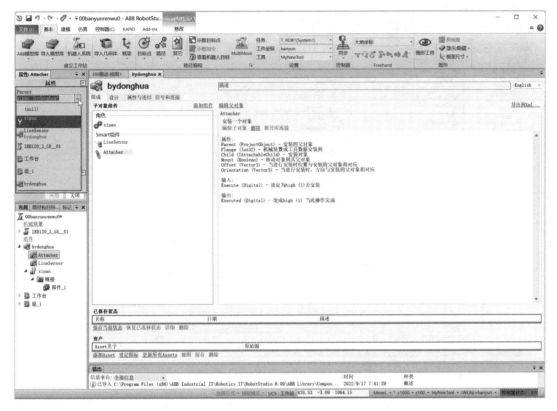

图 5 - 4 - 31　设置 "Attacher" 组件属性

4. 创建 Detacher

（1）在资源浏览器窗口，右击 "bydonghua"，在弹出的快捷菜单中选择 "编辑组件" 命令，进入组件编辑界面，单击 "添加组件" 按钮，选择 "Detacher" 命令，拆除一个对象，如图 5 - 4 - 32 所示。

（2）在 "Detacher" 属性窗格中出现 "child" 表示安装对象与 "Attacher" 中的 "child" 是相同的对象，属于不确定对象，因此此处也默认空缺即可，但是 "KeepPosition" 是要求安装对象能够保持独立空间位置，此处必须勾选，然后单击 "应用" 按钮即可完成属性的设置，如图 5 - 4 - 33 所示。

5. 创建逻辑门信号

（1）在资源浏览器窗口，右击 "bydonghua"，在弹出的快捷菜单中选择 "编辑组件" 命令，进入组件编辑界面，单击 "添加组件" 按钮，选择 "LogicGate" 命令，如图 5 - 4 - 34 所示。

（2）在 "LogicGate" 属性窗格中的 "Operator" 中选择逻辑运算的方式，此处选择 "NOT" 逻辑非门，单击 "应用" 按钮，完成逻辑属性设置，如图 5 - 4 - 35 所示。

提醒：设置完成后如果在资源浏览器窗口中没有发现 "LogicGate"，可以在 Smart 组件属性窗口中右击 "LogicGate"，勾选 "在浏览器中显示" 即可。

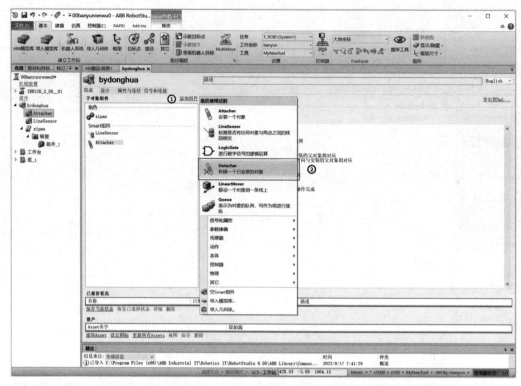

图 5 - 4 - 32 添加 "Detacher" 组件

图 5 - 4 - 33 设置 "Detacher" 组件属性

图 5 - 4 - 34 添加 "LogicGate" 组件

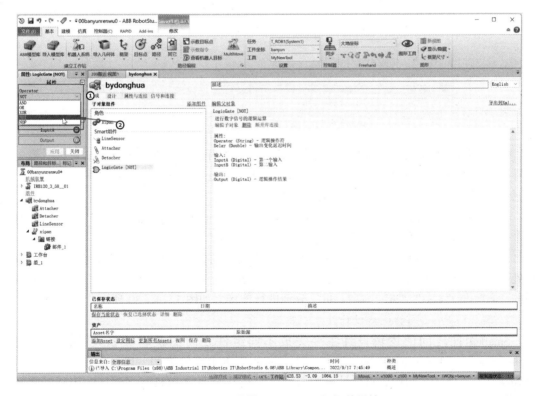

图 5 - 4 - 35 设置 "LogicGate" 组件属性

6. 工作站逻辑设计

工作站逻辑设计主要完成实际 DQSC652 信号板内部信号与 Smart 组件信号之间的连接，类似于两个 PLC 的 I/O 通信，其中工业机器人"System1"为主站，Smart 组件"bydonghua"为从站，二者之间进行通信的设置。

（1）在"仿真"选项卡下单击"工作站逻辑"按钮，在 Smart 组件属性窗格单击"设计"选项卡，再单击"System1"下拉按钮，选择已经配置好的 I/O 信号"xi""jh"，如图 5 - 4 - 36 所示。

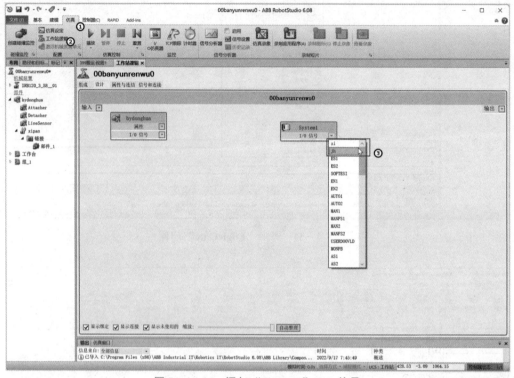

图 5 - 4 - 36 添加"System1"I/O 信号

（2）单击"bydonghua"I/O 信号处的加号，在打开的"添加 I/O Signal"对话框中将信号类型设置为"DigitalInput"，信号名称设置为"s_xi"（表示 Smart 组件侧的"吸"信号），如图 5 - 4 - 37 所示。

（3）使用同样的方法，设置 Smart 侧的激活信号"s_jh"。注意，这里"s_xi""s_jh"两个信号的初始信号值均为"0"，如图 5 - 4 - 38 所示。

（4）设置完毕两侧信号后需要进行信号的连接或通信，此处将鼠标指针放置在任意信号处可看到鼠标指针变换成一只可以画图的笔，使用这支笔来绘制连接线，此处需要将两侧的"xi"与"s_xi""jh"与"s_jh"分别进行连接，如图 5 - 4 - 39 所示。

7. Smart 组件之间的逻辑设计

Smart 组件之间的逻辑设计主要完成不同组件之间的逻辑关系设计，此处包括"LineSensor""Attacher""Detacher""LogicGate"4 个组件之间，以及与 Smart 组件系统"bydonghua"信号之间的逻辑设计。类似于针对从站内部的 PLC 与之连接的传感器之间的逻辑设计。

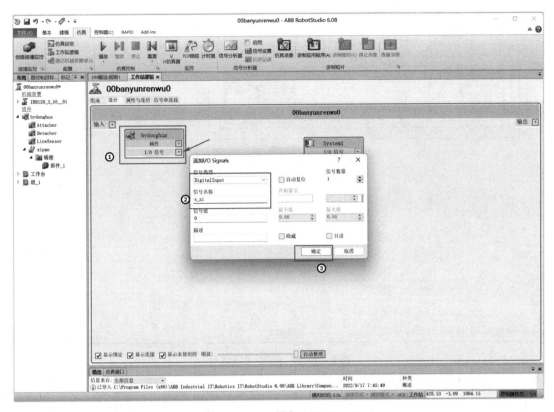

图 5 – 4 – 37 添加 I/O Signal

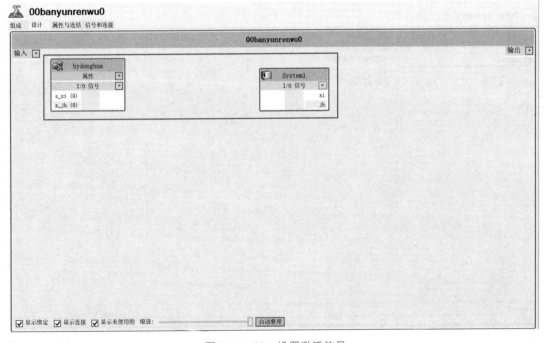

图 5 – 4 – 38 设置激活信号

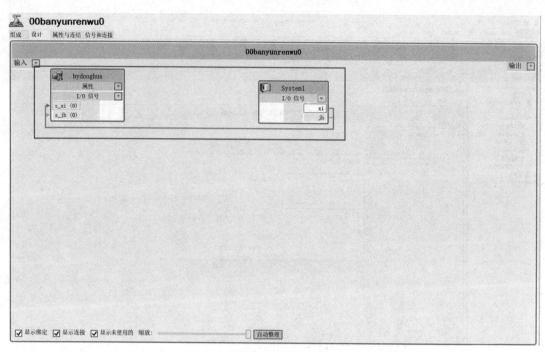

图 5 - 4 - 39　连接两侧信号

（1）在图 5 - 4 - 40 所示的编辑组件窗口中双击 Smart 组件 "bydonghua"，进入 Smart 组件逻辑设计界面，单击 "设计" 选项卡，可以看到要进行逻辑设计的各个 Smart 组件，是使用 "自动整理" 进行重新布局的，如图 5 - 4 - 41 所示。

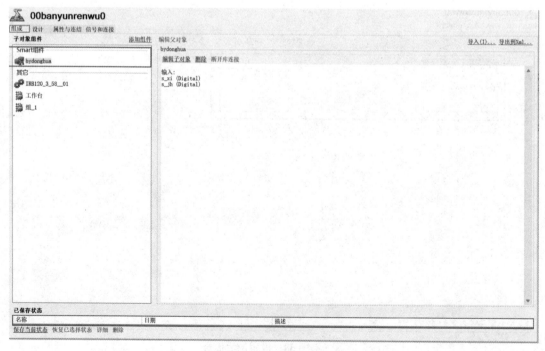

图 5 - 4 - 40　编辑组件窗口

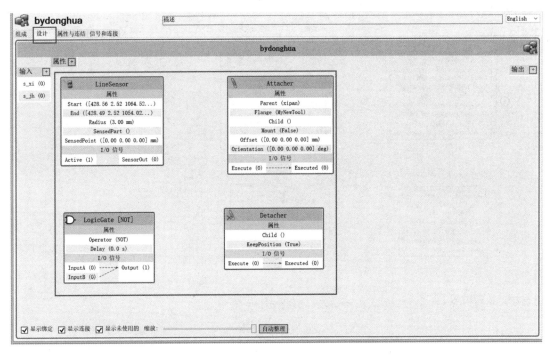

图5-4-41 设置"LogicGate"组件属性

(2) 在 Smart 组件逻辑设计窗口，先连接 Smart 侧传感器激活信号"s_jh"与传感器"LineSensor"的激活使能端"Active"，只有激活信号为"1"即激活了传感器的"Active"信号，传感器才能进行检测并将检测到的物料信号进行传送，如图5-4-42 (a) 所示。

(3) 连接传感器"LineSensor"的检测到物料"SensedPart"与安装对象"Attacher"的子对象"Child"，如传感器检测到第一块正方形，则这块正方形就会被当作安装对象安装到"Attacher"的父对象"xipan"上，完成物料提取的动作，如图5-4-42 (b) 所示。

(4) 连接传感器"LineSensor"的检测到物料"SensedPart"与拆除对象"Detacher"的子对象"Child"，如传感器检测到第一块正方形，则这块正方形就会被当作安装对象从"Attacher"的父对象"xipan"上拆除，完成物料放料的动作，如图5-4-42 (c) 所示。

(5) 连接 Smart 侧吸盘输出信号"s_xi"与安装对象"Attacher"的执行使能端"Execute"。吸盘输出信号为"1"，则代表"System1"侧的 RAPID 程序中该信号被置位为"1"，可以执行取料动作，如图5-4-42 (d) 所示。

(6) 连接 Smart 侧吸盘输出信号"s_xi"与逻辑非门信号"LogicGate NOT"的输入端"Input0"，主要用作当"s_xi"信号为"0"时通过逻辑非运算在"LogicGate NOT"的输出端"Output"输出信号"1"，用此来置位拆除对象"Detacher"的执行使能端"Execute"。例如，正方形物料从"Attacher"的父对象"xipan"上拆除，就完成了物料放料的动作，如图5-4-42 (e) 所示。通过仿真，将"s_jh""s_xi"置位，看到组件逻辑设计成功，如图5-4-42 (f) 所示。

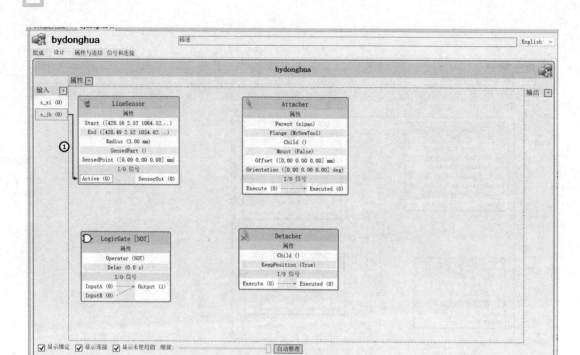

(a)

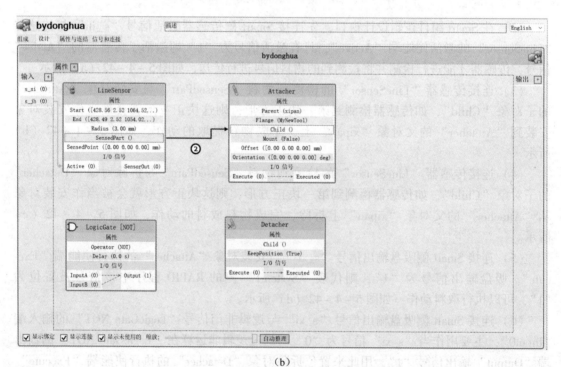

(b)

图 5 – 4 – 42　Smart 组件逻辑设计

(a)"s_jh"与"LineSensor"；(b)"LineSensor"与"Attacher"的"Child"

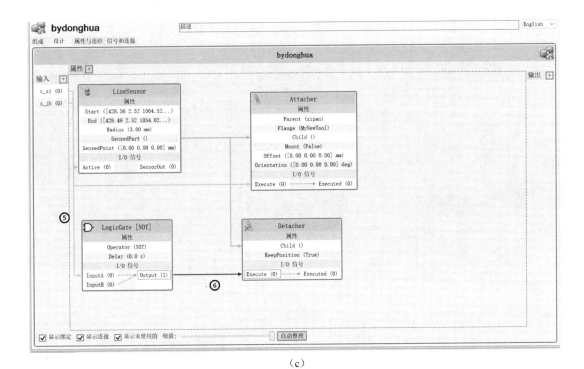

（c）

（d）

图 5 - 4 - 42 Smart 组件逻辑设计（续）

（c）"LineSensor"与"Detacher"的"Child"；（d）"s_xi"与"Attacher"的"Execute"

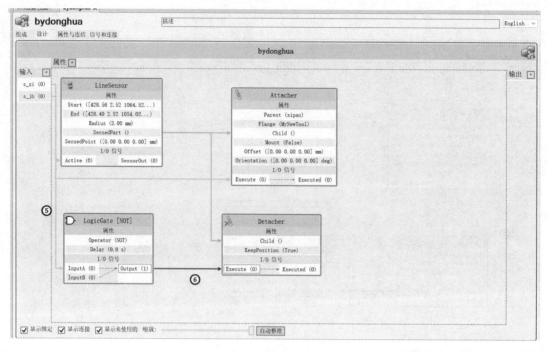

（e）

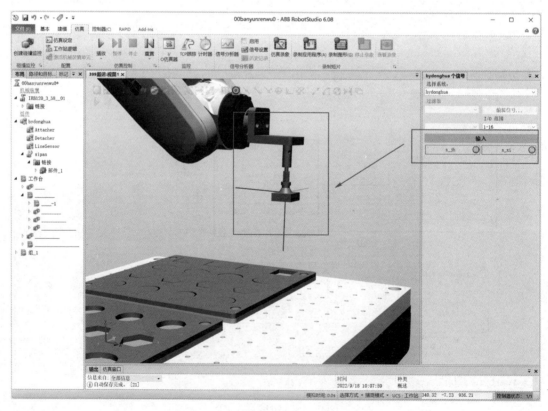

（f）

图 5 - 4 - 42 Smart 组件逻辑设计（续）

（e）"s_xi"与"LogicGate NOT"；（f）组件逻辑设计成功

从 Smart 组件创建到各个组件的添加、属性的设置，再到两侧信号的设置都是为了后续的逻辑设计，整体来看其总共分为 3 个大部分。

（1）工作站逻辑设计，负责完成实际机器人系统信号板与 Smart 组件侧动画使能信号的通信。

（2）Smart 组件逻辑设计，负责完成 Smart 组件内部多个组件之间的逻辑关系的建立，实现检测、取料、放料的内部逻辑关系。

（3）工业机器人 I/O 信号及 RAPID 程序设计，负责完成工业机器人侧标准 I/O 板及 I/O 信号的配置，同时完成 RAPID 程序的编写。

总之，Smart 组件的运行原理就是工业机器人侧 "System1" RAPID 程序的逻辑运算输出同控制信号，通过工作站逻辑将所输出信号传输至 Smart 组件，驱使 Smart 组件通过内部逻辑关系实现相应的动画效果，其运行原理框图如图 5 – 4 – 43 所示。

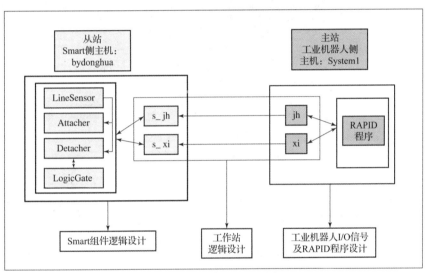

图 5 – 4 – 43　Smart 组件运行原理框图

五、正方形物料搬运编程与调试

正方形物料的搬运可以有多种编程方法，这里推荐两种方法。对于初学者可以直接使用最基础的线性指令 MoveL 和关节指令 MoveJ 完成搬运过程的运动轨迹。但是，这种方法需要示教 1 个初始位置点，8 个搬运位置点，相对而言工作量较大。在这个基础方法之上，推荐使用第二种方法，即加入偏移指令 Offs，使用这个指令可以大大减少示教工作。此任务使用第二种方法，但是为便于初学者理解仅替代部分示教点。

搬运工作站正方形物料搬运应用编程与仿真——编程与调试

1. 搭建程序框架

（1）确认工件坐标为 "banyun"、工具坐标为 "xipan" 之后，在 "基本" 选项卡下，选择 "路径" → "空路径" 命令，如图 5 – 4 – 44 所示。

（2）使用步骤（1）方法创建 3 个空路径，分别重命名为 "main" 主程序、"chushihua" 初始化子程序、"banyunzfx" 搬运正方形物料子程序，完成程序框架的搭建，如图 5 – 4 – 45 所示。

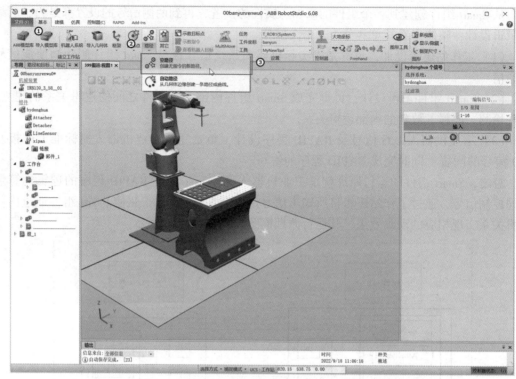

图 5 - 4 - 44 创建空路径

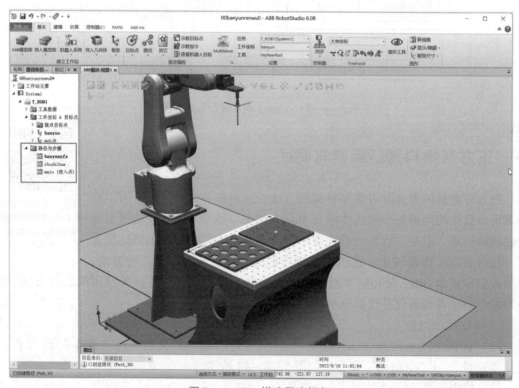

图 5 - 4 - 45 搭建程序框架

（3）在资源浏览器窗口，右击"main"，在弹出的快捷菜单中选择"插入过程调用"命令，分别勾选"chushihua""banyun"两个子程序，完成主程序调用子程序，相当于在示教器中使用的 ProCall 指令，如图 5 - 4 - 46 所示。

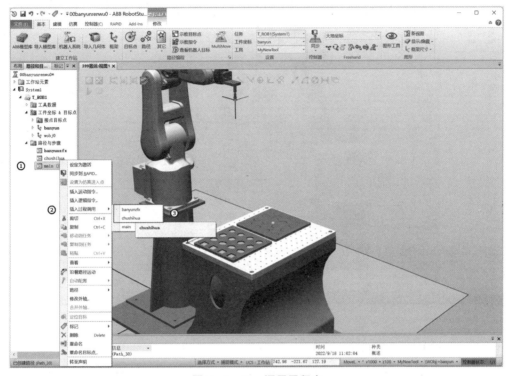

图 5 - 4 - 46　调用子程序

2. 创建初始化"chushihua"子程序

（1）使用"基本"选项卡中的"单轴运动""线性运动"功能（也可以使用示教器中手动操作的对准功能），将工业机器人 IRB 120 调整到初始工作状态，命名这个位置点为"Phome"，如图 5 - 4 - 47 所示。

（2）在状态栏的命令窗口侧，完成关节指令程序的编写，选择"MoveJ""V300""Z100""xipan""Wobj\:=banyun"，然后右击"chushihua"子程序，在弹出的快捷菜单中选择"插入运动指令"命令，如图 5 - 4 - 48 所示。

（3）在"创建运动指令"窗格，单击"添加"按钮，添加"点 1"，修改位置名称为"Phome"，单击"创建"按钮，如图 5 - 4 - 49 所示。

（4）右击"chushihua"子程序的"MoveJ Phome"程序，需要将当前初始工作点保存下来，因此，单击"修改位置"按钮，如图 5 - 4 - 50 所示。

（5）由于后续要用到两个数字输出信号"jh""xi"，在初始化过程中必须将以上两个信号进行复位清零。右击"chushihua"在弹出的快捷菜单中选择"插入逻辑指令"命令，如图 5 - 4 - 51 所示。

（6）在"插入逻辑指令"窗格的"指令模板"下拉菜单中选择"Reset"指令，在"Signal"中分别选择"jh""xi"两个信号，其含义是在初始化子程序将两个数字输出信号复位清零，以便后续程序的使用，如图 5 - 4 - 52 所示，然后调整该程序的顺序，如图 5 - 4 - 53 所示。

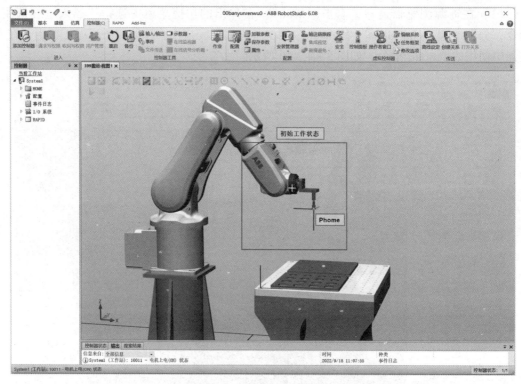

图 5 - 4 - 47　命名"Phome"

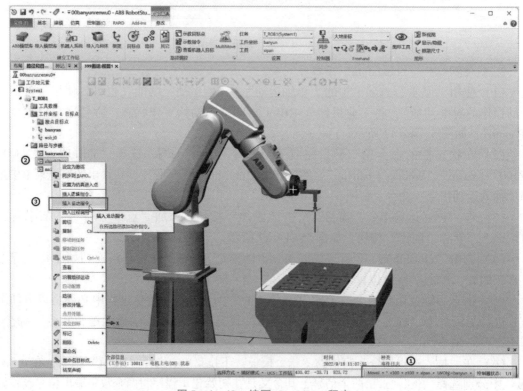

图 5 - 4 - 48　编写 chushihua 程序

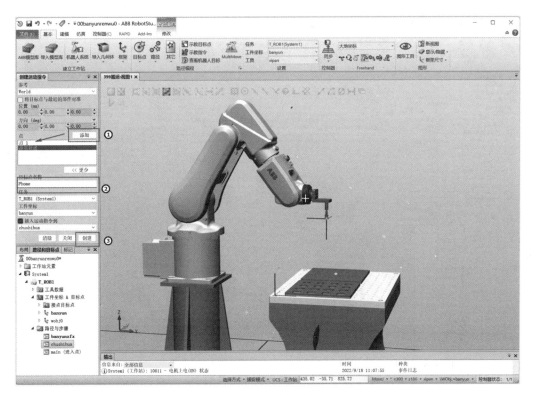

图 5 – 4 – 49　添加"点工"

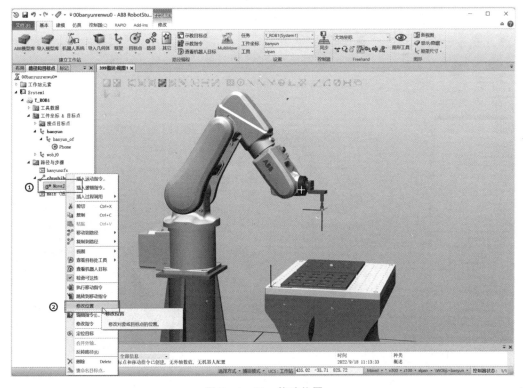

图 5 – 4 – 50　修改位置

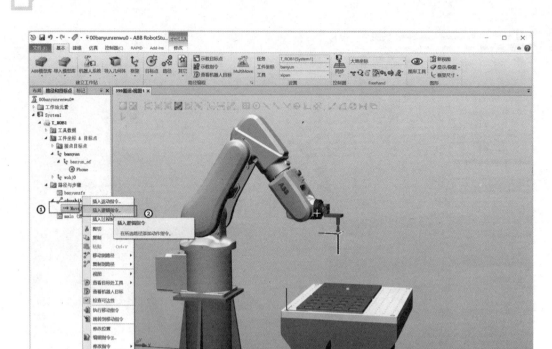

图 5 - 4 - 51 插入逻辑指令

图 5 - 4 - 52 插入 "Reset" 指令

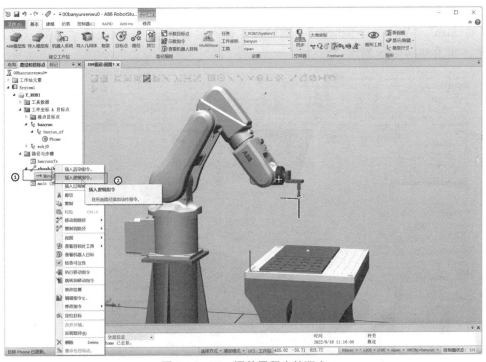

图 5 - 4 - 53 调整子程序的顺序

3. 创建搬运"banyun"子程序

（1）使用"线性运动""捕捉中心"将吸盘调整到正方形物料取料点"p10"，如图 5 - 4 - 54 所示。

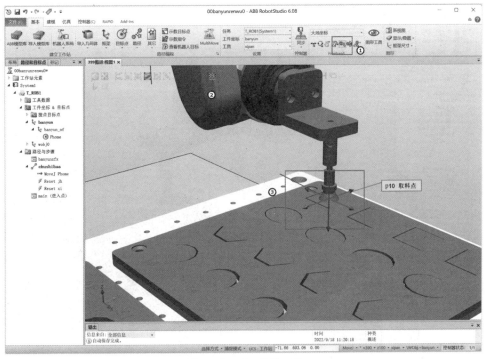

图 5 - 4 - 54 示教 p10

（2）在状态栏的命令窗口侧，完成关节指令程序的编写，选择"MoveL""v150""fine""xipan""Wobj\：= banyun"，然后在"插入运动指令"窗格完成"p10"点的添加和创建，如图 5 - 4 - 55 所示。

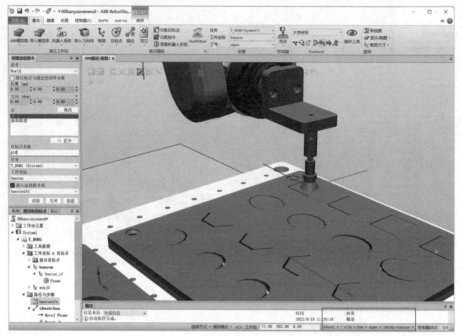

图 5 - 4 - 55　添加和创建"p10"点

（3）右击"banyunzfx"子程序的"MoveJ p10"程序，需要将当前工作点"p10"保存下来，因此，单击"修改位置"按钮，如图 5 - 4 - 56 所示。

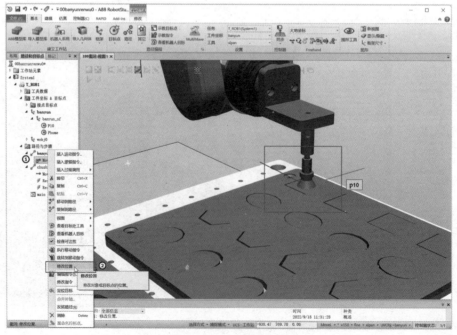

图 5 - 4 - 56　修改位置

（4）打开"控制器"选项卡，在资源浏览器窗口双击子程序"banyunzfx"进入RAPID程序编辑界面，在程序编辑窗口复制"MoveL p10,v150,fine,xipan\WObj：=banyun；"到第一行，加入偏移指令，改为"MoveJ offs(p10,0,0,20),v150,fine,xipan\WObj：=banyun；"。其含义是到达p10之前，先执行关节指令到达p10的Z轴方向正上方20 mm处，再执行线性指令到达p10，如图5-4-57所示。

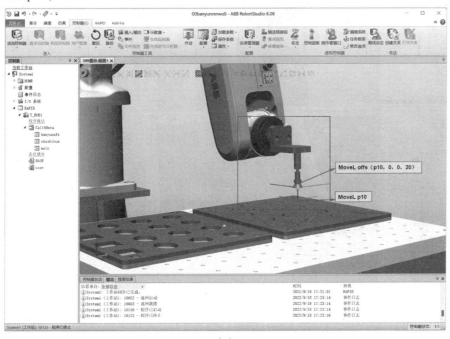

（a）

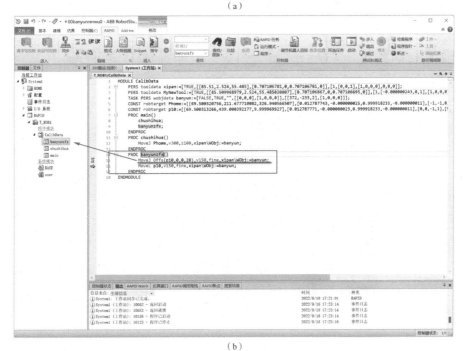

（b）

图5-4-57　偏移指令

（5）吸盘接触到物料后，将吸盘"xi"输出信号置位，即"SetDO xi,1"，执行提取物料，如图 5 − 4 − 58 所示。

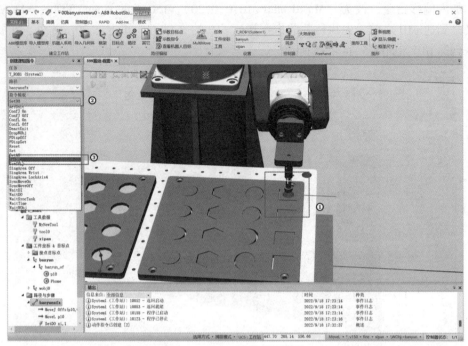

图 5 − 4 − 58　输出信号置位

（6）执行吸盘动作后不可以马上进行搬运，需要等待 1 s 待吸盘内真空，即"WaitTime 1"稳定搬运后执行后续程序，如图 5 − 4 − 59 所示。

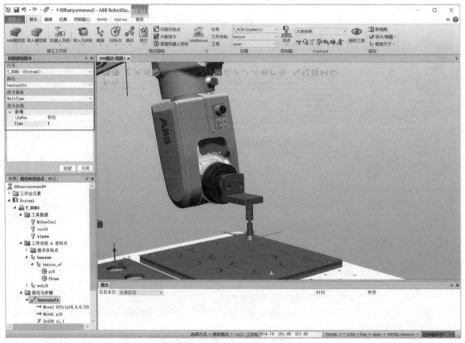

图 5 − 4 − 59　等待 1 s

（7）提取到物料后需要将正方形物料垂直向上搬运后再继续，因此此处可以继续使用该物料正上方的偏移指令处程序，但请注意此时需要将关节指令改为线性指令，保证垂直向移动，如图5-4-60所示。

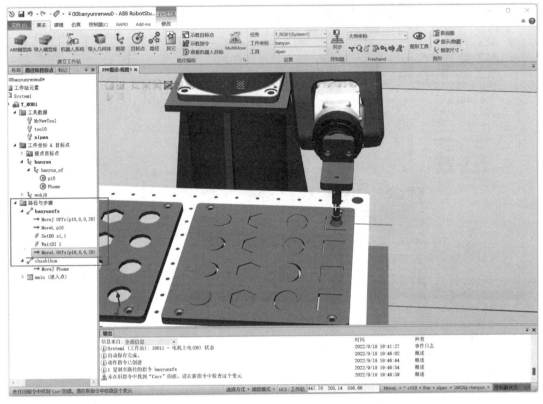

图5-4-60　关节指令改为线性指令

（8）此时为后续调试程序更为精准和方便，需要将物料块吸附到吸盘处，因此需要运行当前程序，该过程的步骤可以归纳为：

同步程序到RAPID→仿真播放→打开I/O仿真器→将系统选择到Smart组件"bydonghua"→手动置位"s_jh""s_xi"信号→右击"MoveJ Offs（p10，0，0，20）"执行移动指令→工业机器人运动到位，如图5-4-61所示。

（9）单击"基本"选项卡下的"线性运动"按钮，将正方形物料拖动到放料处，命名该点为"p20"，如图5-4-62所示，然后设置好状态栏线性运动指令后，右击"bydonghua"子程序，插入运动指令"MoveL p20，v150，fine，xipan\WObj：=banyun；"，并进行修改位置保存"p20"点的数据，如图5-4-63所示。

（10）到达p20后需要复位"xi"吸盘输出信号，将物料放下，因此需要插入逻辑指令"Reset"。在"Signal"下拉菜单中选择"xi"信号，完成"Reset xi"编程，如图5-4-64所示。

（11）复位"xi"信号后不可以马上离开，需要等待1 s，因此在此处插入等待指令"WaitTime"，在"Time"下拉菜单中选择"1"，如图5-4-65所示。

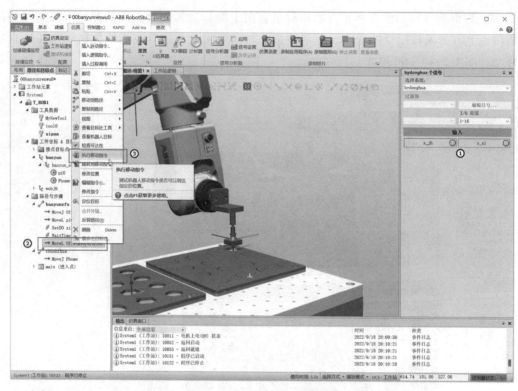

图 5-4-61　运行当前程序

图 5-4-62　示教 p20

图 5 – 4 – 63　p20 修改位置

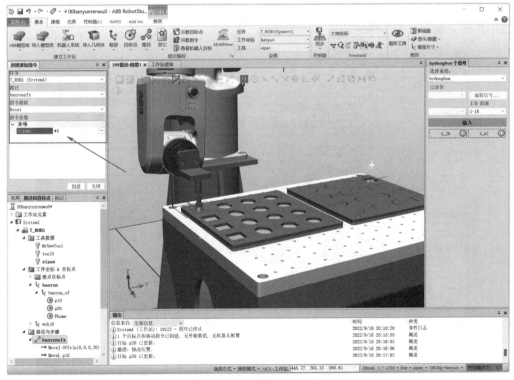

图 5 – 4 – 64　选择 "xi" 信号

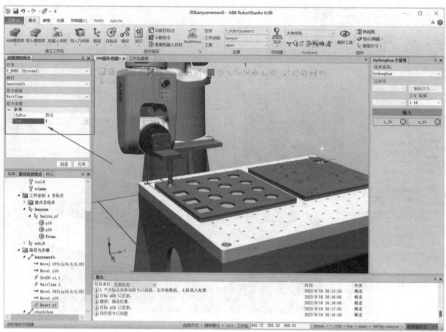

图 5 - 4 - 65 "WaitTime" 指令

（12）放下物料后需要移动到 p20 的正上方 20 mm 处，此处需要注意的是，搬运物料到 p20 时不可以直接放置在 p20，也需要增加一条 p20 正上方的指令，然后将这条指令复制粘贴到 "WaitTime 1" 语句下方，不创建目标点即可，如图 5 - 4 - 66 所示。在图 5 - 4 - 67 中可以看到搬运一块正方形物料的程序，后续 3 块正方形物料的搬运需要由读者尝试开发。搬运工作站完整程序如下所示。

图 5 - 4 - 66　添加指令

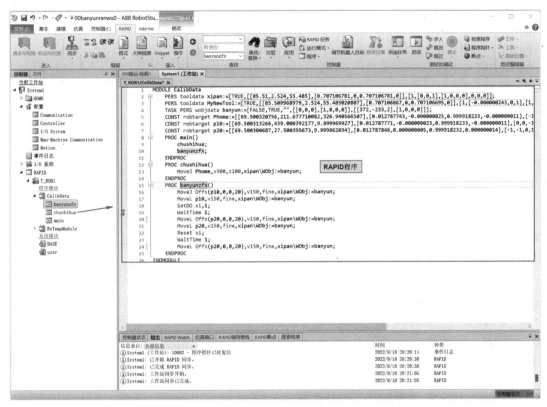

图 5 - 4 - 67　搬运程序

```
MODULE Module1
  CONST robtarget Phome10: =[[75.99531635,235.524,294.025280831],[0.000000022,0,
  1,0],[ -1, -1,0,1],[9E +09,9E +09,9E +09,9E +09,9E +09,9E +09]];
  CONST robtarget p10: =[[70.499984731,439.026986506,9.999946524],[ -0.000000006,
  0.000000015,1, -0.000000005],[0,0, -1,1],[9E +09,9E +09,9E +09,9E +09,9E +09,9E +
  09]];
  CONST robtarget p20: =[[70.142605078,27.488893108,10.180611041],[ -0.000000049,
  0.000000042,1, -0.000000041],[ -1, -1,0,1],[9E +09,9E +09,9E +09,9E +09,9E +09,9E +
  09]];
  PROC main( )
  chushihua;
  banyunzfx;
ENDPROC
PROC chushihua( )
Reset jh;
Reset xi;
MoveJ Phome10,v300,z100,xipan\WObj: =banyun;
ENDPROC
PROC banyunzfx( )
SetDO jh,1;
MoveJ offs(p10,0,0,20),v150,fine,xipan\WObj: =banyun;
MoveL p10,v150,fine,xipan\WObj: =banyun;
```

```
SetDO xi,1;
WaitTime 1;
MoveL offs(p10,0,0,20),v150,fine,xipan\WObj: = banyun;
MoveL offs(p20,0,0,20),v150,fine,xipan\WObj: = banyun;
MoveL p20,v150,fine,xipan\WObj: = banyun;
Reset xi;
WaitTime 1;
MoveL offs(p20,0,0,20),v150,fine,xipan\WObj: = banyun;
ENDPROC
ENDMODULE
```

4. 调试仿真

（1）单击"仿真"选项卡下的"I/O仿真器"，在打开的窗格中选择"bydonghua"系统，该系统为Smart组件系统，如图5-4-68所示。该系统中有两个信号"s_jh""s_xi"，且默认数值为"0"，如图5-4-69所示。

图5-4-68 选择"bydonghua"系统

（2）单击"仿真"选项卡下的"播放"按钮，将信号"s_jh"置位为"1"，可以看到正常的搬运效果，如图5-4-70所示。

（3）如果需要单击"播放"按钮直接运行搬运效果，需要在"banyunzfx"子程序开始处将"jh"信号置位，即"SetDO jh,1"，如图5-4-71所示。

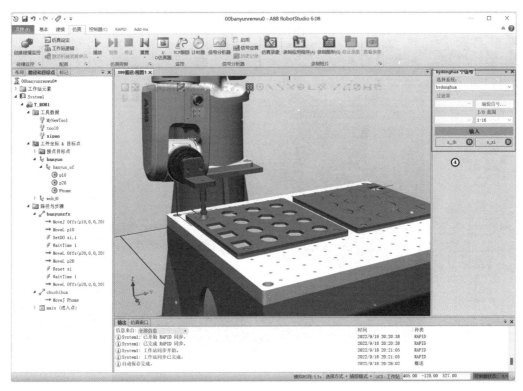

图 5 - 4 - 69　两个信号

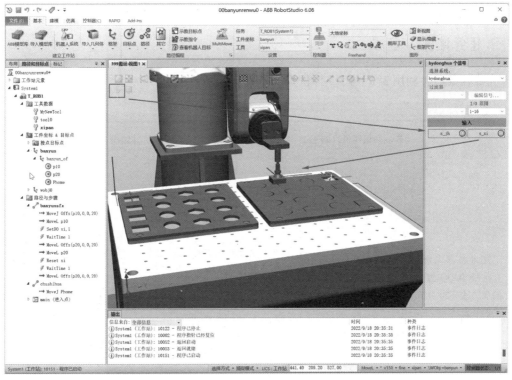

图 5 - 4 - 70　置位信号 "s_jh"

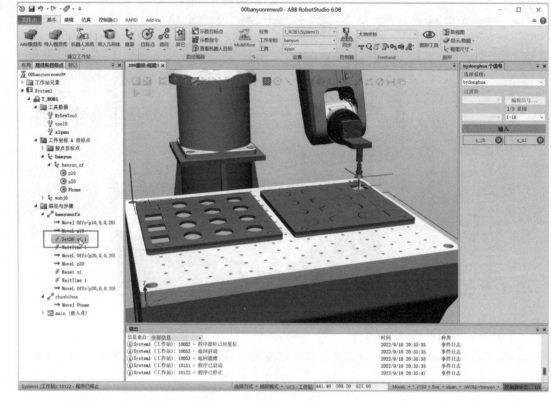

图 5 - 4 - 71 置位信号 "jh"

任务评价

完成任务后,利用表 5 - 4 - 3 评价操作过程。

表 5 - 4 - 3 任务评价表

	专业知识评价(60 分)			过程评价（30 分）	素养评价（10 分）
任务评价	工业机器人常用 I/O 板 DSQC652 的设置方法（20 分）	工业机器人 I/O 信号的设置方法（20 分）	使用软件在离线状态下进行工具坐标系及工件坐标系的建立（20 分）	穿戴工装、整洁（6 分）; 具有安全意识、责任意识、服从意识（6 分）; 与教师、其他成员之间有礼貌地交流、互动（9 分）; 能积极主动参与、实施检测任务（9 分）	能做到安全生产、文明操作、保护环境、爱护公共设施设备（5 分）; 工作态度端正,无无故缺勤、迟到、早退现象（5 分）

学习评价	专业知识评价（60 分）									过程评价（30 分）			素养评价（10 分）		
	自我评价（5 分）	学生互评（5 分）	教师评价（10 分）	自我评价（5 分）	学生互评（5 分）	教师评价（10 分）	自我评价（5 分）	学生互评（5 分）	教师评价（10 分）	自我评价（10 分）	学生互评（10 分）	教师评价（10 分）	自我评价（3 分）	学生互评（3 分）	教师评价（4 分）
评价得分															
得分汇总															
学生小结															
教师点评															

任务五　搬运工作站综合应用与编程

任务描述

　　搬运工作站综合仿真与实操需要完成搬运的物料包括 4 块正方形、4 块椭圆形、4 块六边形、4 块圆形物料，共计 16 块，而且相同形状物料块尺寸相同，任意两物料之间中心点间距相同，工业机器人 IRB 120 需要完成从正方形到圆形 16 块物料的取料及放料仿真，并且录制仿真过程及保存动画界面，如图 5 - 5 - 1 所示。

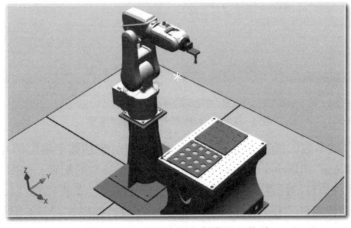

图 5 - 5 - 1　正方形物料搬运工作站

在本任务中我们将会使用逻辑性更为复杂的判断指令（WHILE）和赋值指令（：＝）进行综合编程，这样可以大大减少示教位置的工作量并且提高取料、放料点位的准确性。

任务目标

（1）学会 Offs、WaitTime、WHILE 等指令的应用。

（2）培养学生综合程序调试能力。

任务实施

一、配置 I/O 信号

（1）I/O 信号板的参数配置参考表 5－4－1 进行设置，尤其注意"Board10""DSQC652"、"Address ＝10"几个重要参数的配置，如图 5－5－2 所示。

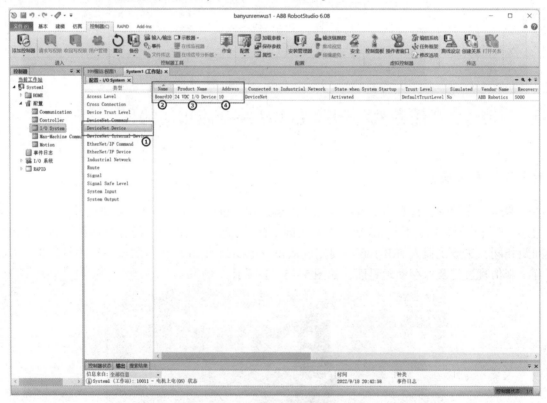

图 5－7－2　I/O 信号板的参数配置

（2）I/O 信号的参数配置参考表 5－4－2 进行设置，包括数字输出信号激活信号"jh"和吸盘信号的"Name""Digital Output""Address"重要参数的配置，如图 5－5－3 所示。

（3）Smart 组件属性的设置，包括传感器"LineSensor"、安装对象"Attacher"、拆除对象"Detacher"、逻辑组件"LogicGate"重要参数的配置，如图 5－5－4 所示。

（4）Smart 组件内部各组件之间逻辑设计，如图 5－5－5 所示。

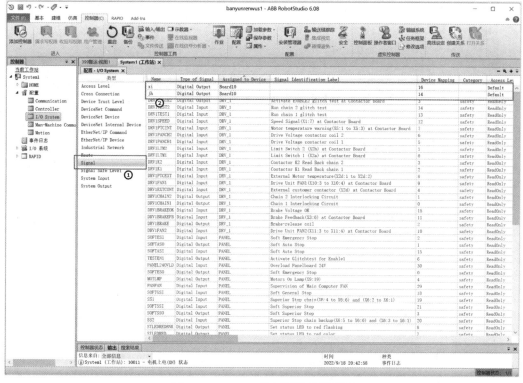

图 5-5-3　I/O 信号板的参数配置

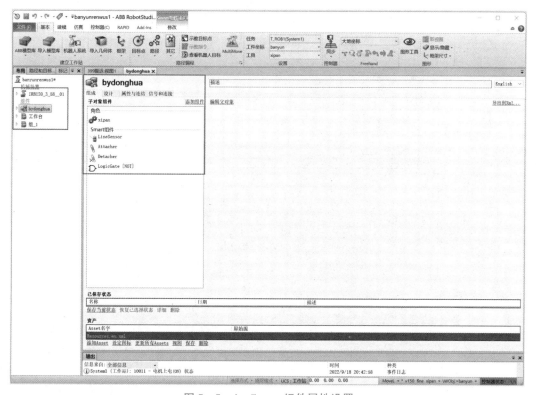

图 5-5-4　Smart 组件属性设置

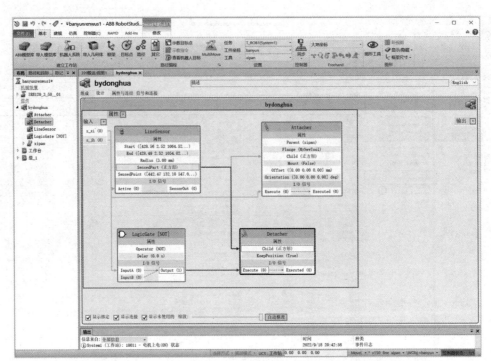

图 5 - 5 - 5 Smart 组件逻辑设计

（5）工作站逻辑设计需要完成 I/O 信号板与 Smart 组件之间的设计，如图 5 - 5 - 6 所示。

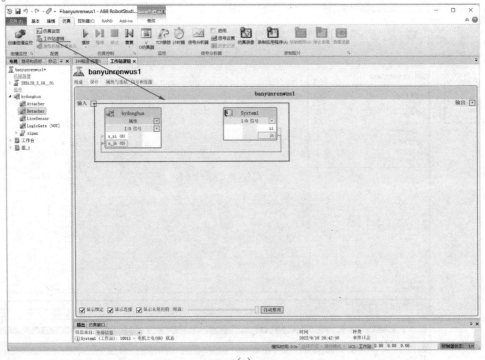

（a）

图 5 - 5 - 6 工作站逻辑设计

（a）逻辑关系

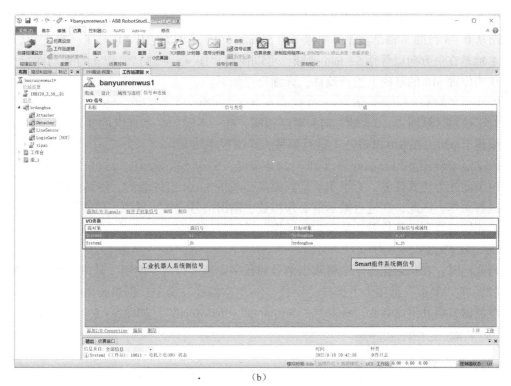

（b）

图 5 - 5 - 6　工作站逻辑设计（续）

（b）I/O 信号匹配

二、编程与调试

全部物料块搬运编程采用条件判断和偏移指令结合起来的综合编程方法，首先定义好图 5 - 5 - 7 所示的行和列，均为数字变量，行为 Var num hang，列为 Var num lie，使用偏移指令完成各位置数据的计算。

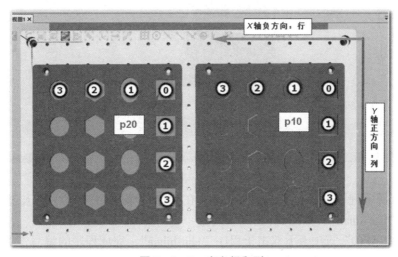

图 5 - 5 - 7　定义行和列

图 5 - 5 - 7 所示右侧为物料取料位置，左侧为物料放料位置。对于取料区域而言，可以看出从 0 ~ 3 行的 X 轴是在正方向以等距 52 mm 递增，可以使用 "hang * (52)"，从 0 ~ 3 列的 Y 轴是在负方向以等距 52 mm 递减，可以使用 "lie * (-52)"，以上行列均在行为 0、列为 0 的位置 p10 的基础上进行偏移，详细程序如下：

```
MoveJ Offs(p10,hang * (52),lie * ( -52),0), v200, z50, xipan;
```

对于放料区域而言，XY 轴方向和顺序相同，唯一不同的是基准点的变化，放料区域基准点编程了 p20，在 p20 基础之上进行偏移，详细程序如下：

```
MoveJ Offs(p20,hang * (52),lie * ( -52),0), v200, z50, xipan;
```

由于此处为仿真任务，为了实现动画效果必须将 Smart 组件激活，使其能够配合 RAPID 程序进行动作，因此，在进行搬运前必须将数字输出信号 "jh" 置位，以便激活 Smart 传感器使其能够检测到被取物料，从而进行动作，详细程序如下：

```
SetDo jh,1;
```

与此同时，在初始化程序中将输出信号和数字变量进行清零使用。具体编程步骤如下。

（1）在 "基本" 选项卡下选择 "路径" → "空路径" 命令，创建 3 个空路径，并在资源管理器窗口将其重命名为 "main" "chushihua" "banyunall"，如图 5 - 5 - 8 所示。

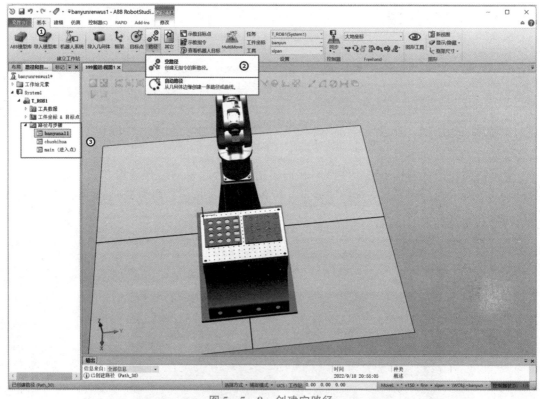

图 5 - 5 - 8　创建空路径

（2）在资源管理器窗口，右击 "main"，在弹出的菜单中选择 "插入过程调用" → "chushihua" "banyunall"，如图 5 - 5 - 9 所示。

（3）在 "RAPID" 选项卡下双击子程序 "chushihua"，完成程序的编写，如图 5 - 5 - 10 所示。初始位置 pHome 点的示教与保存如图 5 - 5 - 11 所示。

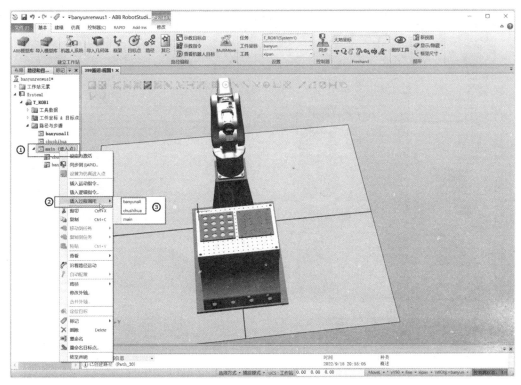

图 5 - 5 - 9　插入过程调用

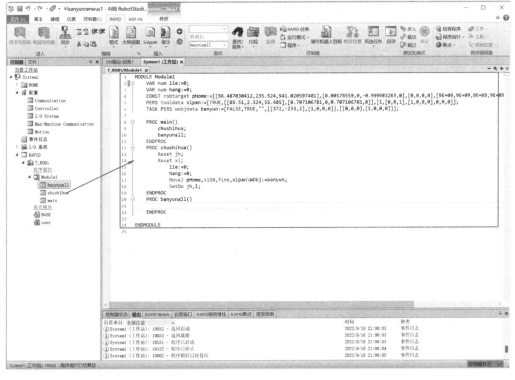

图 5 - 5 - 10　"chushihua" 程序的编写

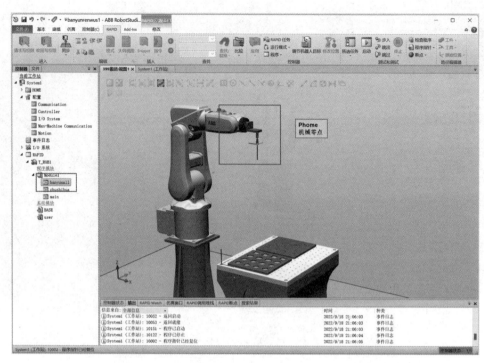

图 5-5-11 初始位置 pHome 点的示教与保存

（4）在"RAPID"选项卡下双击子程序"banyunall"，完成程序的编写，如图 5-5-12 所示。p0 为准备工作点，如图 5-5-13 所示，这里 p10 和 p20 两个基准点未进行示教保存位置数据。

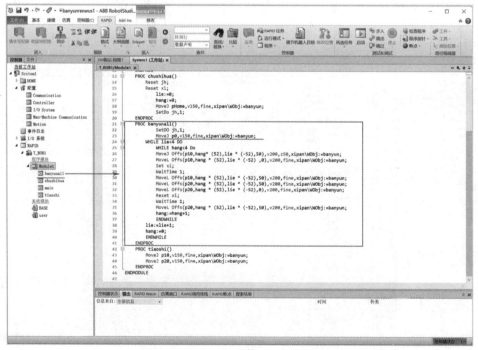

图 5-5-12 "banyunall"程序的编写

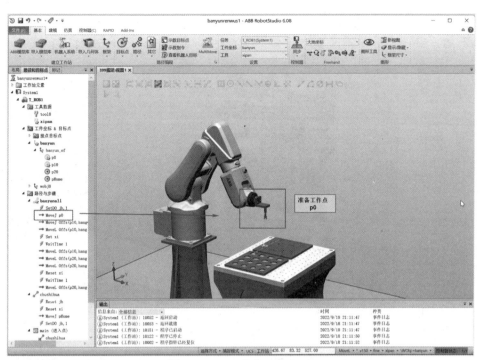

图 5 - 5 - 13　准备工作点 p0

（5）为了示教 p10 和 p20 两个基准点，此处添加一个调试子程序"tiaoshi"，主程序不对它进行调用，只是起到示教目标点的作用，同时，插入两个关节运动指令（MoveJ），并且修改保存 p10、p20 位置数据，如图 5 - 5 - 14 所示。

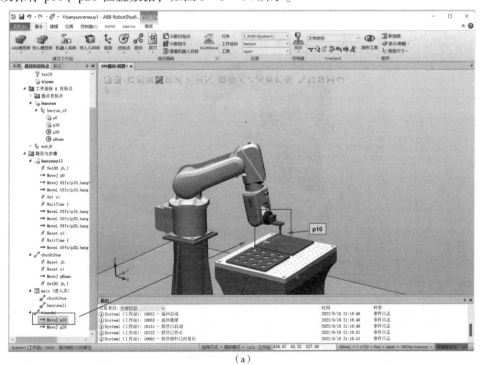

（a）

图 5 - 5 - 14　基准点位置数据示教及保存

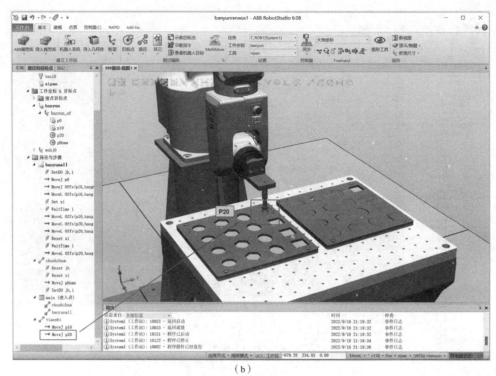

（b）

图 5 – 5 – 14　基准点位置数据示教及保存（续）

（6）同步程序和数据后单击"仿真"选项卡下的"播放"按钮，可以看到程序的运行情况，搬运前后对比如图 5 – 5 – 15 所示。

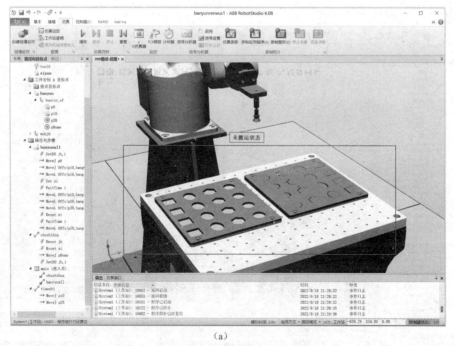

（a）

图 5 – 5 – 15　搬运前后对比

（a）未搬运状态

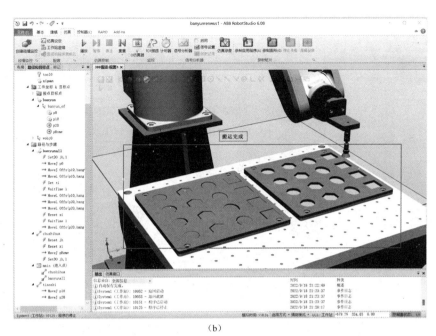

（b）

图 5 - 5 - 15 搬运前后对比（续）

（b）搬运完成状态

注意： 在"RAPID"选项卡下编辑完成的程序一定要及时进行同步到工作站之中，在工作站中进行示教完成的位置数据也要及时同步到 RAPID 程序之中，这样才能保证二者在调试程序过程中能够数据同步，更好地完成调试效果，如图 5 - 5 - 16 和图 5 - 5 - 17 所示。搬运工作站的完整程序如下所示。

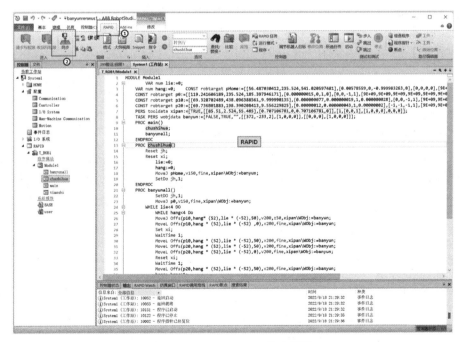

图 5 - 5 - 16 RAPID 代码界面

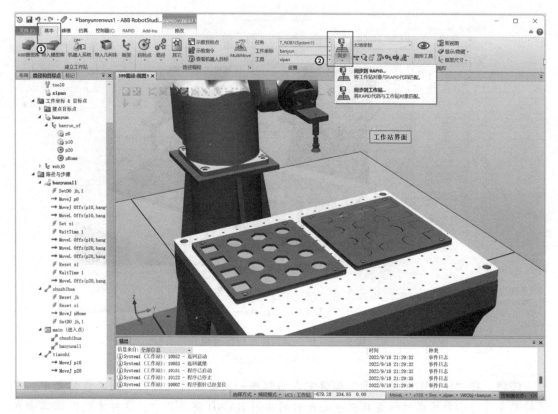

图 5 – 5 – 17　工作站界面

```
MODULE Module1
  VAR num lie: = 0;
  VAR num hang: = 0; CONST robtarget pHome: = [[56.487030412,235.524,541.020597481],
  [0.00578559,0, -0.999983263,0],[0,0,0,0],[9E +09,9E +09,9E +09,9E +09,9E +09,9E
  +09]];
  CONST robtarget p0: = [[119.241606189,235.524,185.397946171],[0.000000015,0,1,
  0],[0,0, -1,1],[9E +09,9E +09,9E +09,9E +09,9E +09,9E +09]];
  CONST robtarget p10: = [[69.320702489,438.096388561,9.999990135],[0.000000077,
  0.000000019,1,0.000000028],[0,0, -1,1],[9E +09,9E +09,9E +09,9E +09,9E +09,9E +
  09]];
  CONST robtarget p20: = [[69.736801883,198.390208413,9.556229825],[0.00000012,
  0.000000043,1,0.00000002],[ -1, -1, -1,1],[9E +09,9E +09,9E +09,9E +09,9E +09,9E
  +09]];
  PROC main()
    chushihua;
    banyunall;
  ENDPROC
  PROC chushihua()
    Reset jh;
    Reset xi;
    lie: = 0;
    hang: = 0;
```

```
    MoveJ pHome,v150,fine,xipan\WObj: = banyun;
    SetDo jh,1;
  ENDPROC
  PROC banyunall()
    SetDO jh,1;
    MoveJ p0,v150,fine,xipan\WObj: = banyun;
  WHILE lie < 4 DO
    WHILE hang < 4 Do
    MoveJ Offs(p10,hang * (52),lie * ( -52),50),v200,z50,xipan\WObj: = banyun;
    MoveL Offs(p10,hang * (52),lie * ( -52) ,0),v200,fine,xipan\WObj: = banyun;
    Set xi;
    WaitTime 1;
    MoveL Offs(p10,hang * (52),lie * ( -52),50),v200,fine,xipan\WObj: = banyun;
    MoveL Offs(p20,hang * (52),lie * ( -52),50),v200,fine,xipan\WObj: = banyun;
    MoveL Offs(p20,hang * (52),lie * ( -52),0),v200,fine,xipan\WObj: = banyun;
    Reset xi;
    WaitTime 1;
    MoveL Offs(p20,hang * (52),lie * ( -52),50),v200,fine,xipan\WObj: = banyun;
    hang: = hang +1;
    ENDWHILE
  lie: = lie +1;
  hang: = 0;
  ENDWHILE
  ENDPROC
PROC tiaoshi()
  MoveJ p10,v150,fine,xipan\WObj: = banyun;
  MoveJ p20,v150,fine,xipan\WObj: = banyun;
  ENDPROC
ENDMODULE
```

三、录制屏幕及保存工作站画面

1. 录制屏幕

（1）在"仿真"选项卡中单击"仿真录像"按钮，将下一个仿真录制为一段视频。当在"仿真"选项卡中单击"播放"按钮时，将开始仿真录像。完成后，单击"停止录像"按钮，如图5 – 5 – 18 所示。

（2）仿真录像将保存在默认的地址，可以在输出窗口查看该地址。如果需要更改录像地址，则选择"文件"选项卡下的"共享"命令，在弹出的"选项"对话框中选择"屏幕录像机"选项就可以看到图5 – 5 – 19 所示的录像文件地址及格式。

（3）单击"查看录像"按钮，就可以观看刚刚录制的视频，如图5 – 5 – 20 所示。

2. 保存工作站画面

工作站画面保存为可执行文件（.exe）格式，方便在没有安装RobotStudio 的计算机上运行和展示，有两种方案可以完成工作站画面的制作。

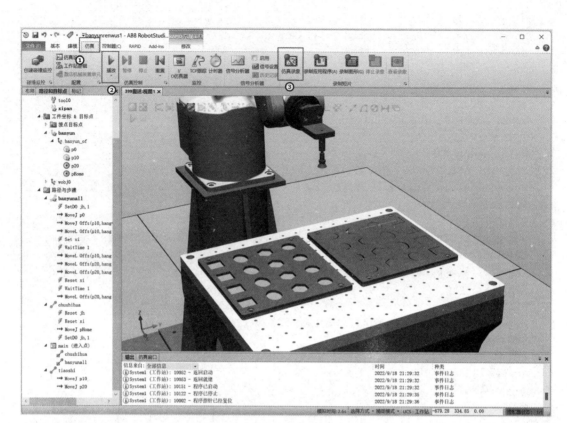

图 5 – 5 – 18　仿真录像

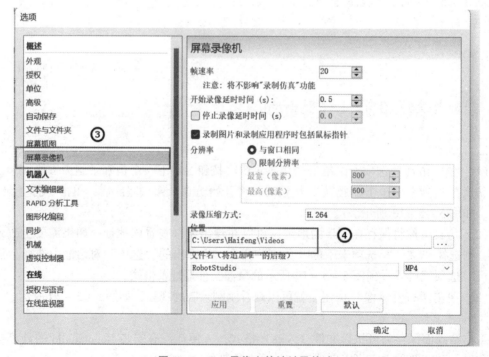

图 5 – 5 – 19　录像文件地址及格式

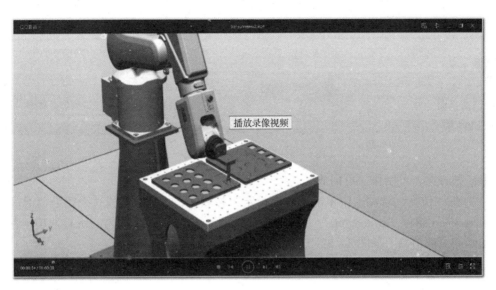

图 5 - 5 - 20　查看录像视频

第一种方案，可制作，不可播放。

在"文件"选项卡中选择"共享"→"保存工作站画面"命令，如图 5 - 5 - 21 所示。但是这种方案所生成的工作站画面只能观看工作站，不能看到所完成工作站的动作画面，无法进行仿真播放，如图 5 - 5 - 22 所示。

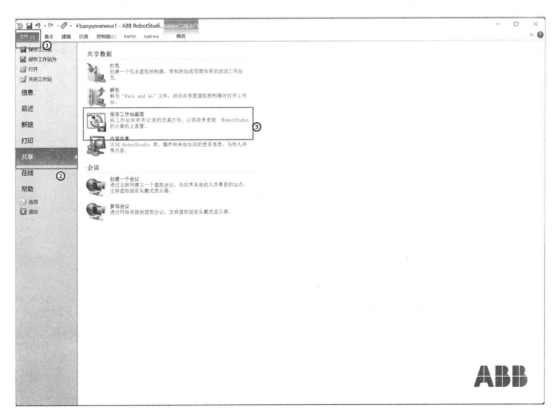

图 5 - 5 - 21　保存工作站画面一

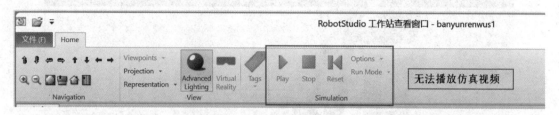

图 5 - 5 - 22　画面文件格式一

第二种方案，可制作，可播放。

（1）在"仿真"选项卡中单击"仿真设定"按钮，将虚拟时间模式设置为"时间段"，勾选包括 Smart 组件"bydonghua"及工业机器人系统"System1"在内的所有选项，进行程序及动画的全部仿真，如图 5 - 5 - 23 所示。

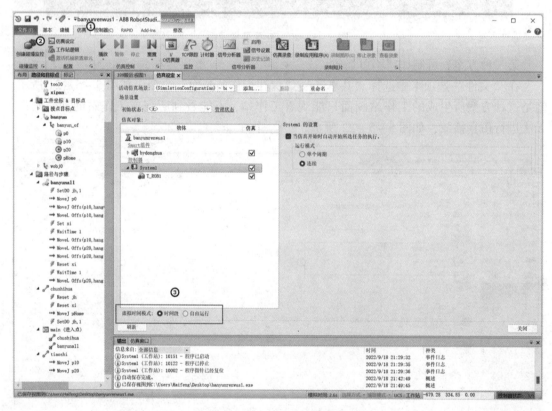

图 5 - 5 - 23　保存工作站画面二

（2）在"仿真"选项卡下选择"播放"→"录制视图"命令，如图 5 - 5 - 24 所示。在工作站视图开始录像和仿真，在运行模式设定仿真"单周期"，待运行完一个周期之后会自动停止并且生成工作站动作画面，此处保存为"banyunrenwu2.exe"可执行文件。

这种方案所生成的工作站画面观看工作站，也能看到所完成工作站的动作画面，还可进行仿真播放，如图 5 - 5 - 25 所示。

图 5 – 5 – 24　画面文件格式二

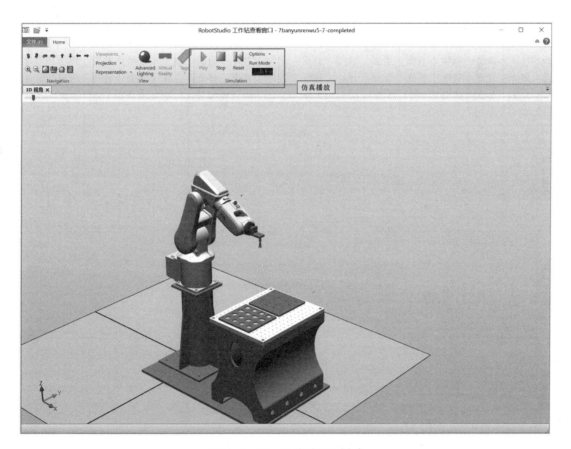

图 5 – 5 – 25　工作站画面播放

任务评价

完成本任务后，利用表 5 – 5 – 1 进行评价。

表 5 – 5 – 1 任务评价表

任务评价	专业知识评价（60 分）									过程评价（30 分）			素养评价（10 分）		
	工业机器人常用 I/O 板 DSQC652 的设置方法（20 分）			工业机器人 I/O 信号的设置方法（20 分）			Offs、WaitTime、WHILE 等指令的应用（20 分）			穿戴工装、整洁（6 分）；具有安全意识、责任意识、服从意识（6 分）；与教师、其他成员之间有礼貌地交流、互动（9 分）；能积极主动参与、实施检测任务（9 分）			能做到安全生产、文明操作、保护环境、爱护公共设施设备（5 分）；工作态度端正，无无故缺勤、迟到、早退现象（5 分）		
学习评价	自我评价（5 分）	学生互评（5 分）	教师评价（10 分）	自我评价（5 分）	学生互评（5 分）	教师评价（10 分）	自我评价（5 分）	学生互评（5 分）	教师评价（10 分）	自我评价（10 分）	学生互评（10 分）	教师评价（10 分）	自我评价（3 分）	学生互评（3 分）	教师评价（4 分）
评价得分															
得分汇总															
学生小结															
教师点评															

参考文献

［1］杨玉杰. 工业机器人实操与应用［M］. 北京：北京理工大学出版社，2020.

［2］杨杰忠，王振华. 工业机器人操作与编程［M］. 北京：机械工业出版社，2017.

［3］蒋庆斌，陈小艳. 工业机器人现场编程［M］. 北京：机械工业出版社，2014.

［4］陈小艳，郭炳宇，林燕文. 工业机器人现场编程（ABB）［M］. 北京：高等教育出版社，2018.

［5］汪励，陈小艳. 工业机器人工作站系统集成［M］. 北京：机械工业出版社，2014.

［6］叶晖，管小清. 工业机器人实操与应用技巧［M］. 北京：机械工业出版社，2010.

［7］叶晖. 工业机器人典型应用案例精析［M］. 北京：机械工业出版社，2013.